10万人以上を
指導した
中学受験塾

SAPIX（サピックス）だから知っている算数のできる子が家でやっていること

教育ライター
佐藤 智

Discover

はじめに

算数が苦手になる子はとても多い

「うちの子、とくに算数が苦手でどうしたらいいの……」

「私自身、算数が苦手だから、子どもも嫌いになってしまいそう。今からできることはないかな……」

「パズルやブロック遊びをしない子は、算数が苦手になってしまうの？」

これまで、そんな不安を何度となく耳にしてきました。

私は教育ライターとして、たくさんのお父さんやお母さんのお話を聞いています。その中で、気づいたのが**算数へのお悩みがじつに多いこと！**

本書はそんなお悩みの声から生まれました。

算数への強い苦手意識を持っている人がいる一方で、世の中には算数が大好きな人たちもたくさんいます。

私が、これまで1000人以上の教育関係者にインタビューをする中で、先生方にご自身が教えている教科の内容や授業についてお話を聞くことも少なくありませんでした。

そうしたとき、先生たちは本当に楽しそうに担当教科のことを話してくださいます。それはまるで、没頭している趣味や大好物について語るかのようです。

前著『SAPIXだから知っている頭のいい子が家でやっていること』では、国語・算数・社会・理科の担当の先生に、「教科での学びがどのような社会的な力につながっているか」「家庭のどのようなシーンでその力を養えるか」をお聞きしました。

そのときも、先生方は一様に楽しそうに教科について話してくださいました。もちろん、算数もです。

前著をお読みいただいた人からは、

「それぞれのシチュエーションで大人がどう工夫をすればいいかがわかりやすい」

「明日からでも始められる」

「生活の中で勉強ができることがよくわかった」

といった感想をいただきました。


そして、「保護者の負担が少なく、一緒に楽しみながら取り組めそう」という声も大変嬉しいものでした。

こうした感想は、教科に打ち込んできた先生の抱いている「楽しさ」や「学びの醍醐味」「社会と接続する教科のおもしろさ」が伝わったからこそ生まれたのではないでしょうか。

では、**お悩みが多い算数という教科において、どうしたら子どもたちにおもしろさを感じてもらうことができるのでしょうか。**

算数は「嫌いにさせない」が大前提

本書を執筆するにあたり、SAPIX小学部で算数を担当する溝端宏光先生と小林暢太郎先生に何度もご相談と取材を重ねました。

その中で、最も大事なキーワードとしてでてきたのは、「嫌いにさせないこと」。

もちろん、一度嫌いになったとしても取り返すことはできます。しかし、取り戻すためにはタイミングを計ったり、粘り強さが必要になったりします。

まずは嫌いにさせず、「あれ？　算数っておもしろいかも」と思いながら学びの歩みを進めていくことが大切です。

当然ながら、嫌いな勉強は誰でも気が進まないものです。かたや、楽しいことであれば誰かに指示をされなくても、どんどん勝手に学ぶようになります。

SAPIXの先生と話をする中で、「嫌いにさせない」ためには、子どもが算数と最

初に出会うタイミングでのアプローチが欠かせないという結論に達しました。

そこで本書では、算数と初めて接する「未就学児」「低学年」をキーワードにひも解いていくことにしたのです。

改めて、SAPIX小学部とは、首都圏を中心に難関中学校の麻布中学校や開成中学校、桜蔭中学校などの中学受験で高い合格実績を誇る塾です。

前著をお読みいただいた人にはおさらいになりますが、SAPIXとは「Science（科学する眼を育てる）」「Art（豊かな感性と創造性を磨く）」「Philosophy（思考力を育てる）」「Identity（個性を大切にする）」「X（「未知数」に挑む）」の頭文字をとってつくられた名称です。

そして、**SAPIXが目指す低学年の子どもたちへの教育とは、先取り学習をしてスピーディにどんどん進めるのではなく、今後必要になる「深い理解」のためにしっかりした下地をつくること**です。

それはつまり、すべての学びの土台である「考える力」を養うことにつながります。

私もこの考えには賛成です。

どんどんと先取りをしていけば、一見勉強ができるようには見えます。しかし、解法だけを丸暗記して基本的な問題は解けるようになったとしても、深く理解できていなかったら応用的に考えたり思考を広げたりすることは難しいのです。

なによりも、発達段階や子どもの個性に合っていないペースで進めれば、勉強を嫌いになってしまう可能性も高くなります。

算数との出会いを楽しいものにするために

ここまでお読みいただいた読者の皆様はお気づきかもしれませんが、本書では算数の問題をバリバリ解いていくわけではありません。また、中学受験を突破できる必勝法が書かれているわけでもないのです。

「こうすれば楽しく算数を学べるかも」「あれ？　算数って意外とおもしろい」と算

数のことを見る目が変わる一冊になっています。

繰り返しますが、本書は受験のために算数ができるようになる本ではありません。それに、低学年のお父さんやお母さんの多くは「まだ中学受験をするかはわからない」と思っているのではないでしょうか。もっと長い目で見て、算数（中学校からは数学）と付き合っていくために。算数との出会いの第一歩を心地よく踏み出す子どもたちが増えるようにと願って書きました。

本書の冒頭では算数が得意な子の特徴を挙げています。「こうなりなさい」と型にはめるのではなく（型にはめてしまうと算数が嫌いになってしまいます……）、お子さんの持っているよさを、算数のできる子の特徴に合わせて伸ばしていく参考にしてください。

そして**第1章では、「算数」という教科の特徴について説明します。**子どもに算数を好きになってもらうためには、まずは保護者が算数を知ることから始めます。

算数とは「思考」と「習得」からなる教科という視点から、算数に強くなるために保護者が子どもにどう接していけばいいのかをお伝えします。

第2章では算数に必要な「思考力」の育て方について解説をします。

「これからの学びには思考力が大事」ということは、お父さんお母さんも耳にしたことがあると思います。しかし、「思考力」という言葉に対して、「抽象度が高く、とらえどころがない」と感じている人も少なくないかもしれません。そこで「算数に必要な思考力とはそもそも何か」という点からお話しします。

第3章では「習得」についてお伝えをしていきます。

「習得」とは、こつこつと練習を積み重ねて身につけることです。「量で勝負」「詰め込んでなんぼ」と思うかもしれませんが、「嫌いにさせない」ためには、努力と気合いと根性ではない「習得」のコツが必要です。ここでは、低学年にしぼった「習得」のあり方を説明していきます。

最終章の**第4章では、高学年になったときのために、低学年の今だからこそできることを見ていきます。**

学習において、先の見通しを持つことはとても重要なことです。目先のテストや結果に必要以上に左右されず、学びの土壌を育んでいきましょう。

最近の社会では、「効率化」や「タイパ」というキーワードがもてはやされています。しかし、こうした考えは、学びの土壌を耕すこととは真逆に位置します。低学年のときこそ、急ぎは禁物。お子さんとともに保護者もゆったり豊かな学びの時間を過ごしてください。

万が一、あせる気持ちに飲み込まれそうになったら、再度ゆっくりと本書のページをめくってみてください。

「じっくりと進む勇気」につながる一冊になれば幸いです。

2024年10月　佐藤　智

目次
CONTENTS

第1章

算数を「苦手」にさせない

第2章

算数の「思考力」を育む接し方

第3章 算数の「習得」をサポートする方法

第4章 低学年の「ここ」が高学年で役立つ

購入者限定特典

本書をご購入いただいた読者のみなさまに、
デジタル特典をご用意しました。

算数の「習得」サポート・続編

第3章算数の「習得」をサポートする方法で
ご紹介しきれなかったものが、下記よりダウンロードできます。
ぜひ、算数の学びに役立ててください。

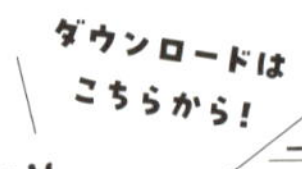

URL
https://d21.co.jp/formitem/
ID
discover3102
パスワード
math

算数が得意な子の6つの特徴

SAPIXで算数を担当する先生から、算数が得意な子の特徴を教えてもらいました。
その特性から、保護者が子どもへどう接していくべきかのポイントをお伝えします。

観察力が鋭い

同じ物事を見聞きしても、そこから得られる情報量には個人差があります。観察力の鋭い子は、1つのことから得られる情報量が多いという特徴を持っています。算数の分野だけでなく、違いを見つけたりおもしろさに気づいたりする力が強いのです。

伸ばすポイント

子どもの興味関心を尊重する

誰でも自分の興味のあることには細かく気づき、興味のないことには注意が向きません。大人でもサッカー好きの人は試合を見ながら「前の試合と比較して△△が違う」と指摘しますよね。子どもも同様で、それぞれの興味関心が軸になって、観察するおもしろさを体験します。

子どもの観察の視点は、大人から見ると「そんなことを考えて、意味あるの？」と思うことかもしれません。しかし、興味関心を否定するような声かけをすると、好きなことに没頭する気持ちが削がれます。

まずは子どもの「好き」という気持ちを軸に、観察力を育みましょう。

② 頭の中で処理できることが多い

算数の問題の解き方を考えるとき、将棋でいうところの何手か先までの道筋を見通しておく必要があります。頭の中で処理できることが多いと、そのぶんだけ先のことを考えるゆとりができるので、スピーディーに問題に取り組むことができます。

意図的に頭で考える機会をつくる

計算問題は、ある程度筆算で練習を積んだあと、暗算でできることを増やしていきましょう。

もちろん、ていねいに筆算することも大事です。142ページで詳しく述べていますが、筆算で計算ができるようになることと、頭の中で処理できる容量が増えることは微妙に異なります。

また、いわゆる勉強だけでなく、子どもの興味関心のあることについて頭の中でとことん考えて熱中できる時間をとることも重要です。

子どもは、ぼーっとしているように見えて思考をめぐらせていることが多いもの。そうした場面も大事にできるといいですね。

③ 人の話をきちんと聞く

人の話をきちんと聞くことができる子は、問題文を適切に読みとることができます。集中して正確に情報を理解して、それを処理する能力があるのでしょう。
ただ、個人の発達段階によってもその度合いは異なるので、画一化すべきではありませんが、人の話を集中して聞いて、それをメモする習慣は大事にしたいですね。

伸ばすポイント

1つの情報に集中する時間をつくる

最近は、テレビや動画、SNSなどさまざまな情報があふれていますよね。その結果「ながら食べ」「ながら聞き」が増えて、1つのことに集中する時間が少なくなっています。

タイパを追いかける風潮もありますが、子どものうちは1つのことだけに取り組む経験を積むのが重要です。「この話は聞いてほしい」と思ったときは、テレビや動画を消して子どもと話してみましょう。また、習い事や塾など集団での学習を通じて、聞く力を育てることも有効です。

家庭で意識的に対話をしたり、ミュージアムで学芸員の話を聞いたり、さまざまなシーンで人の話に集中する姿勢を培うことがポイントです。

4 問題意識を持つ

人の話を鵜呑みにせずに、「なぜだろう？」「どうしてだろう？」と向き合える子は、算数が得意になることが多いです。
大人にとってはあたりまえのことでも、子どもは「どうして？」と疑問を持ちます。ときには、子どもならではの視点に驚くこともあるかもしれません。日常生活の中で問題意識を持つことが、学校や塾で習ったことを掘り下げて考えようとする学習への関心につながります。

伸ばすポイント

子どもの「なぜ？」を深める時間をつくる

幼少期は、放っておいても毎日が「なぜ？」「どうして？」の連続です。家事や仕事で忙しい保護者としては、「正直、時間がなくて、子どものひとつひとつの疑問には向き合っていられない……」と思うこともあるでしょう。

ただ、時間がゆるすときには、子どもの素朴な疑問に対して「どうしてだろうね」「お父（母）さんもわからないから、調べてみようか？」というながしながら、思考を深めていく体験を一緒に味わえるといいですね。

疑問を持って批判的に物事を見る力は、大人にも必要なもの。子どもの学びの土壌を耕しながら、保護者の能力を伸ばすことにもつながります。

⑤ コツコツ努力できる

解法を説明されて「わかった」と思えたことを、自分で再現することは非常に重要です。話を聞いて理解することと、自分の力で解けることは、別の話だからです。
大人も、一旦「なるほどな」と理解しても、それを再現できないケースは多いでしょう。再現するためには、理解したことを反復練習する必要があるので、コツコツと努力できる子は算数においても有利だといえます。

伸ばすポイント

毎日の〝ちょこっと学習〟を習慣化する

低学年におけるコツコツ勉強とは、「1日10分程度、計算問題を解く」といったことです。そのくらい気軽に取り組める〝ちょこっと学習〟習慣を身につけられれば十分です。

長時間にわたってみっちりと学ぶよりは、少しずつコンスタントに練習する時間を設けていくことが大切になります。朝、学校へ行くまでの10分間や夕飯ができるまでの時間など、勉強する時間を固定すると習慣化しやすいのでおすすめです。

6 自分なりの考え方を大事にする

算数のできる子ほど、自分なりの考え方を大事にします。そういった子は先生が説明した解き方ではなく、「自分はこの方法がいい」と主張することも往々にしてあります。また、別解に興味を持つことが多いという特徴もあります。「子どもが解説どおりに解かないので困ります」と保護者から相談を受けることもありますが、むしろ違った視点を持てるのは素晴らしいことです。

伸ばすポイント

子どもの考えを否定せずに理由を聞く

子どもの主張には、必ず背景があります。勉強でもお手伝いでも、生活面においても、子どもが自分なりの方法で進めようとしていたら、頭ごなしに否定せずに、まずは背景を確認しましょう。

すると、「この方法を試してみたい」「こちらのほうがうまくいくと思うんだよね」といった理由を説明してくれます。多少時間はかかるかもしれませんが、できるだけ邪魔をせずに見守ってみてください。

算数が得意な子の特徴①で述べたことと同じポイントになりますが、子どもの興味にストップをかけないことが何よりも大切です。

第1章

算数を苦手にさせない

算数が苦手になるのは、いつから？

まずは、算数という教科の特性を知る

そもそも算数とはどんな教科なのでしょう？

第1章ではそんな素朴な疑問に向き合っていきます。

なぜなら、親がその問いに向き合うことが、子どもが算数という教科に関心を持ったり、好きになったりするきっかけにつながるからです。

また、もし算数への苦手意識を持っている保護者がいたら、実態がわからないもの

に対策を講じることは難しいでしょう。

子どもは、お父さんお母さんが好きなものに自然と興味をひかれるもの。だから、まずは親子ともに算数という教科を知り、「おもしろいかも？」と思えるスタートラインに立つことがとても大事なのです。

この章を読み終わる頃には、今まで知っていた「算数」のイメージが変わって見えてくるはずです。

「数」が嫌いな子はいない⁉

「算数ができるようになるには、どうすればいいんだろう」
「算数や数学はセンスだよね。私も苦手だから、この子も苦労するのかな……」
「算数は積み上げ教科だと聞くし、一段でも階段を踏み外したら、もう得意にはならないんじゃないかな……」

そんな漠然とした疑問や不安を抱いている保護者は多いかもしれません。

とても簡単にいえば、算数とは「数」を扱う教科です。

では、算数が苦手な子は、「数」が嫌いなのでしょうか？

ここで、日頃の子どもの様子を思い出してみてください。おやつのチョコレートの数を数えるためには、これでもかとばかりに真剣になっていませんか。お風呂に入っているとき、湯船から早く上がりたい一心で早口で10まで数え上げているかもしれません。

好きなゲームでのポイント獲得方法は、大人よりも素早く習得しているはずです。「この恐竜は何メートルあったんだ」とか、「このポケモンのサイズはいくつだよね」と、夢中になれることなら細かな数字までよく覚えているものです。

とても「数が嫌い」とは思えません。

しかし、周囲を見渡すと算数に苦手意識を持っている大人はとても多いように感じます。

「ちょっと数字には弱くて」「じつは算数の高学年レベルくらいからあやしいんですよね」と苦笑いした覚えのある人は、ひとりやふたりではないはずです。

最初から「数」が嫌いな子はいないのならば、こうした「苦手意識」を持っている人たちはどこかの段階で「苦手だ」と感じる瞬間があったはずです。

では、算数の苦手意識はどこから来るのでしょう？

それを掘り下げていくためには、算数という教科の特性をきちんと理解しておく必要がありそうです。

そこで、算数を教えるプロであるＳＡＰＩＸ小学部の溝端宏光先生と小林暢太郎先生に、算数という教科の特性や、勉強するうえで知っておきたい基本の知識をお聞きしました。

算数の力を伸ばすのに「数的センス」は必要？

数的センスのある子は、ほとんどいない

「数的センスがないから算数も数学も苦手です」

たまに、そんな発言を耳にすることがあります。

みなさんは「数的センス」という言葉に、どんなことをイメージするでしょうか？

難しい問題でも天啓を受けたようにひらめいて解いてしまうタイプの子をイメージするかもしれません。しかし、ＳＡＰＩＸに通う子どもたちの中でも、そうした子は

生活の中で数字の感覚をつかもう

ほとんどいません。

では、算数が解ける子たちは、どんな力を持っているのでしょう。

突然ですが、「3は10の何倍ですか」と尋ねられたら、何と答えますか？

みなさんならば、すぐに「0・3」と答えるはずです。

そのとき、3割る10を計算して「0・3」と答えましたか？

たぶん、ほとんどの人は、計算せずにパパッと「0・3」だと思い至ったでしょう。

なぜ、計算もせずに答えを導きだせたのか。
それは、さまざまな経験が問題を解く「感覚（センス）」につながっているからです。算数では、この経験に基づく感覚が重要になってきます。

つまり、**算数を解くために必要なのは、天啓を受けるような天才的な才能ではなく、経験を重ねて得た感覚です。**

先程の「3は10の何倍ですか」という問いに対して、「0・3」とすぐに答えをだせたのは、たとえば「スーパーで3割引のお惣菜を買っていた」といった経験からきています。

買い物だけではありません。果汁30％のジュースは、どんな味がして、100％のジュースとの値段の違いはどの程度か。あるいは、重さ2トンのトラックの「2トン」とは自分が何人分の重さなのか、といった生活の中にある数字に興味を持つことが経験として蓄積されます。

生きていく中での、さまざまな経験が問題を解くセンスにつながっているのです。

もちろん机に向かう学習も必要ですが、それだけが「学び」ではありません。算数を解くセンスを磨くのは、問題集を解くことだけではないのです。

家具を買うときにサイズを測ったり、バスケットボールのシュート率を考えたりするなど、実体験をともなった理解があると、学びはどんどん骨太になっていきます。

体験は、頭で理解することだけでは得られない「センス」を身につけられるものになるのです。

Check!

- **算数を解くセンスとは、経験に裏打ちされたもの**
- **生活の中で体験を通した数的センスを磨くことができる**

算数は「思考」と「習得」の両方大事

「習得」した知見を、「思考」して活用する

「学びて思わざれば則ち罔し、思うて学ばざれば則ち殆し」

これは論語の一説で、「基本的な習得はするけれど、自分なりに考えることをしなければ、つまり聡明ではない」と伝えています。そして、自分で考えることはするけれど、基本的なことを学ぶ姿勢を持たなければバランスが悪いともいっています。

つまり、この文章では、学びとは「思考」と「習得」がセットであると説明してい

「思考」と「習得」、どちらもバランスよく

るのです。

「思考」とは、考える力のこと。自分の持っている知識を掛け合わせたり、過去の経験から仮説を立てたりする能力です。

「習得」とは、コツコツと勉強や練習を積み重ね、身につけていくことです。

この2つのバランスをとることは、算数を学ぶときにも、とても重要になります。

しかし、**現在の日本の教育はどうしても「習得」に重きを置きがち**に

なっています。

　学生時代を思い返すと、試験前日に徹夜で公式を覚えた人もいらっしゃるかもしれません。多くの大人たちはインプット中心の学びの中で生きてきました。そうした経験から、どうしても「習得」中心に考えてしまうところがあるのです。

　丸暗記して詰め込むといった「習得」の比重が大きくなる問題点は、「思考」に結びつきにくくなることです。


　ただ、本質的な「習得」とは、丸暗記することではありません。

　数学の定理や公式は、過去に数字に向き合ってきた人が効率的に問題を解けるように体系的にまとめたものです。そのおかげで、私たちは算数や数学に関連する問いを短時間で理解したり解決したりすることが可能になりました。

　少し大げさですが、人類の進歩により、現代の私たちは合理的に算数・数学の問題に取り組めるようになったのです。

これらの定理や公式を覚えることが「習得」だと思われるかもしれませんが、**本来の「習得」とは、詰め込み型の暗記ではなく、先人がまとめた知見を適切なポイントでいかす力のこと**を指します。

つまり、算数の練習問題は、過去にまとめられた知見を「習得」しながら、それを活用できるように「思考」していくことが目的になってくるのです。

Check!

- **「思考」とは、考える力のこと。「習得」とは、少しずつ勉強を積み重ねて知見を身につけること**
- **「習得」は単なる暗記ではなく、過去に導きだされた知見を適切なポイントでいかす力でもある**

算数で必要な「思考力」とは？

算数で使うのは「瞬発思考」と「論理思考」

最近では、「思考力が大事」とよく耳にするようになりましたが、算数で必要とされる思考力と、一般的にいわれている「思考力」は同じものでしょうか？　ＳＡＰＩＸでも教材を開発する際に「考える」とはどういうことなんだろう、と研究を進めています。

そして、溝端先生は「思考」について次の3種類にわけて考えています。

大人の考えを子どもに伝えて思考力を育む

3つの思考力

①瞬発思考

自分の知識をパッと取りだして答えること。頭の中の引きだしから、必要な知識を探して使う力。

②論理思考

ある一定の条件の範囲の中で仮説を立てて、答えを導きだす思考力のこと。

③自由思考

工作などで「空想の生物をつくってください」といわれたときに発揮する力。自分の好みや感性を使う思考力。

現在のテストや入試では、瞬発思考と論理思考が問われることが多いでしょう。中学受験において、自由思考を問われることはレアケースです。

ただ、最近の思考力入試では自由思考が求められる課題も増えました。思考力入試とは、基本的には知識を問わず、子どもが自分で考えて解き方を見つけていく問題が出題されます。また、自由思考は探究学習やアートの領域において大切な力です。

自由思考は現在の勉強においていかす機会は少ないかもしれませんが、AIが正確性や効率性のある仕事を代替する時代になれば、むしろ「自由思考こそ大事」な時代が訪れるかもしれません。テストで問われないから不要だと考えるのではなく、その子の考える楽しさを大切にしてください。

算数の問題を解く場合には、自由思考がはさまると混乱する可能性があります。

とはいえ、子どもに「ここでは、論理思考を使うんだよ」と伝えても通じません。小学生にとっては、思考方法を説明されるよりも、他の子の考え方を真似るほうがわかりやすいでしょう。

たとえば、1人の練習ではシュートをうまく蹴れない子が、サッカークラブの上手な子を真似することで上達する。または、外国語を学ぶときにその言葉を常用している国に行くと自然に話せるようになる。このように、実体験から学ぶことが重要です。学校や塾などで友達と勉強することで、「算数の問題に使う思考はこういうもの」と経験させてあげてください。

家庭でも同じことがいえます。子どもは親の「振る舞い」だけでなく「思考」も真似します。**大人は論理的に考えたことを口にだしませんが、「こう考えたんだけれどどうだろう？」と頭の中を少しだけ子どもに共有するのもいい**かもしれません。

Check!

- **思考力は、瞬発思考、論理思考、自由思考などが組み合わさったもの**
- **集団の中で学ぶことで、算数の問題を解く思考法を真似して体得する**

こつこつ型、ひらめき型 2つの学習タイプ

子どもの学習傾向に合った接し方がポイント

算数には「思考」と「習得」の両方が必要だとお伝えしましたが、この両方が得意な子はほぼいません。SAPIXでも子どもが「思考」と「習得」のどちらかが不得意で、相談に来られる保護者は多くいます。

たとえば、「パッと問題が解けるタイプではないので、中学受験に向かないでしょうか？」「何度注意しても算数の式を全然書かないけれど、うちの子は大丈夫でしょうか？」といった相談はよくあります。誰にでも得意・不得意はあるので、それぞれ

学習タイプの違いに優劣はない

の子どもの傾向に合った学習方法を見つけることが大切です。

子どもの学習タイプは大きくわけると、習得寄りの「こつこつ」型と思考寄りの「ひらめき」型があります。

これは「どちらかというと、こちらのタイプ」とゆるやかにわけられるもので、はっきり区別するものではありません。

これらのタイプによって、算数を学ぶときの注意点や保護者の接し方が異なってくるので、それぞれの特徴をご紹介します。

習得が得意！　こつこつ型の特徴

こつこつ型は、言われたことを真面目にこなそうとするタイプです。

一方で、新しいことを自分なりに考えることに対しては苦手意識を持っているケースが多いでしょう。

このタイプは「間違えたくない」という思いが強い特徴があります。失敗が怖いから、初見の問題には手をだしにくい。そうすると、自然と考える練習が不足して、どんどん思考することに苦手意識を持っていきます。

わかっていることはしっかり書きますが、見たことのない問題は「わからない」と言って手をつけないことがある子は、このタイプです。

こつこつ型の子には、まずは「間違えてもいいんだよ」「間違えることが勉強だよ」と伝えてください。間違いへの恐怖心をなくすことからスタートしましょう。

じつは、算数はメンタル面が大きく影響する教科ですから、失敗を恐れる心を取りのぞくことは最重要ポイントなのです。

あとは、「うちの子、本当に初見の問題が弱いわねぇ」といったレッテルを決して貼らないこと。そういった発言を保護者が続けてしまうと、本当に自分なりに考えることが苦手になってしまいます。

こつこつ型の子のモチベーションを上げるには、その子なりに少しでも考えた痕跡があったら、正解できなかったとしても「いい線いっているよ」「ここまでは合っているじゃん！」と認めてあげることです。**心理的なハードルを下げて、「もう一度挑戦してみようかな」と思ってもらうことがポイント**になります。

こつこつ型のまとめ

【特徴】

・言われたことを真面目に実行できる

・失敗を怖がるので、挑戦が苦手

【やってみてほしいこと】

・「間違えていいんだよ」と伝えて、失敗への恐怖心を取りのぞく

・問題を考えた痕跡を見つけて褒める

思考が得意！　ひらめき型の特徴

ひらめき型は、考えることが好きで、自分なりの答えを見つけたいタイプです。新しい挑戦を楽しみながら、どんどん学びを進めていくでしょう。

しかし、逆にいうと「反復」や「繰り返し」が苦手。

考える力はあるけれど、必要な練習をしていないから成績に結びつかなかったり、見直しをしないでケアレスミスをしてしまったりします。

そして、ひらめき型の興味関心は勉強だけにとどまりません。

SAPIXにも、ひらめき型で箱根駅伝に夢中になったり、ゲームでかなりの腕前

になっていたりする子がいます。こうした子を無理に勉強だけに集中させようとすると、その子のよさが消えてしまう場合があるので注意が必要です。

ひらめき型は勉強かそうでないかに関係なく、楽しいことに夢中になってずっと考え続けられる子なんです。

つまり、勉強を楽しいと思える環境づくりが、何よりも大切になってきます。

低学年であれば、ひらめき型の子が好きではない反復練習を〝必要な学習〟として習慣化できるといいでしょう。たとえば、計算問題や漢字の練習などは最低限この時間に「やるのがあたりまえ」とルーティン化します。歯みがきや就寝時間の習慣化と同じ要領です。

このタイプの子は自分が納得しないと動かない傾向があるので、中・高学年になると地道に勉強することへの抵抗感が生じるケースも少なくありません。

その場合には、**その子自身が「困った！」と思ったタイミングで、「この練習が必要なんじゃない？」と手を差しのべることがポイント**です。上の立場から指示するように伝えるのではなく、相談にのってあげる話し方を心がけるとうまくいくでしょう。

ひらめき型の子に対しては、保護者が「ちゃんと勉強しているの？」「パパッと片づけないで、きちんとやりなさい」といった声がけをしがちです。そうすると、本人はストレスを感じて勉強が嫌いになってしまうこともあるので気をつけましょう。

ひらめき型のまとめ

【特徴】

・挑戦が好きで、自分なりの答えを見つけたい
・反復練習や繰り返し作業が苦手

【やってみてほしいこと】

・小さいときから、反復練習が必要な勉強は習慣化しておく
・小学校中学年以降は、反復練習が必要だと子ども自身が実感するタイミングで、習得の練習をすすめる

こつこつ型もひらめき型も優劣はない

「うちの子は、こつこつ型（ひらめき型）かも？」となんとなくイメージがついたでしょうか。

タイプの違いがあることを踏まえておけば、ひらめき型の保護者も、こつこつ型と比較して心配になることが減るはずです。

また、こつこつ型の子はひらめき型の子に憧れて、「自分にはこんなことはできない」と自己評価を低くしてしまうことがよくあります。「あんな発想はできない」「私は地頭が悪い」と思ってしまう傾向があるのです。

でも、劣等感を抱く必要はまったくありません。

中学入試の算数では何ステップも踏まなければ解けない問題が多く出題されます。そういう問題に対して、粘り強くミスなく処理をしていくことが、こつこつ型の子は得意です。こつこつ型とひらめき型は単なるタイプの違いであって、優劣は一切ありません。

4年生ぐらいまでは、比較的単純な問題が多いので、ひらめき型の子は直感でパッと解けることが少なくありません。先ほどお伝えした通り、この姿を見て、こつこつ型の子は自己評価を下げてしまうことがあります。

しかし、**こつこつ型は習得の蓄積がものをいう、5・6年生での学習内容で真価を発揮します。**

ひらめき型は4年生のときにはスイスイと問題を解けたからとたかを括っていると、5・6年生で痛い目に遭うので要注意。

これは学習タイプによる成長曲線の差なので、他の子と比較しても意味がありません。子ども自身が、自分のペースで学びを積み上げていくことが大切です。

どちらのタイプにも共通していることは、学びにポジティブなイメージを持てる環境づくりが重要だということです。

「あれがダメ、これがダメ」と言ってしまうと、子どものいいところまでつぶしてしまう危険性があります。どうしても注意や指摘をしなければいけないときは、タイプを見極めながら言葉を選びましょう。

Check!

- **「習得」が得意なこつこつ型と「思考」が得意なひらめき型は、単なるタイプの違い**
- **両タイプとも注意と指摘は、ポジティブな言葉を選んで伝える**

積み上げ教科だから、つまずき部分がわかる

算数が苦手と決めつけるのはデメリットだらけ

人は一度嫌いになってしまうと、その抵抗感を取りのぞくことは大変です。

これは算数に限った話ではありませんが、勉強は嫌いにさせないことが最大のポイントになります。

そもそも**小学生の苦手は、そのあといくらでも変動するものですから、安易に「苦手」という言葉は使わないほうがいい**でしょう。

つまずき解消で一気に理解が深まることも

SAPIXでも、保護者から「うちの子、算数が苦手なんです」という相談をよく受けます。

ただ、保護者の話をよく聞いてみると、他の教科と比べて算数で点数がとれない状況だったり、難易度の高い問題が解けなくて、苦手と決めつけていたりします。

算数が苦手だということが保護者の思い過ごしだとしても、「うちの子は算数が苦手で〜」といろいろなところで言い続けていると、子ども自身が「自分は算数が苦手なんだ」と思い込んでしまいます。

その結果、本当に算数が苦手になってしまうケースもあるので言葉選びには注意しましょう。

「苦手」と言ってしまうことで起きるもう1つの懸念点は、掘り下げなくなることです。「算数は苦手だからな」という言葉で、思考停止になってしまうのです。**「苦手だからしょうがない」と、真剣に問題と向き合わないのは、もったいないことだと思いませんか。**どんな問題だとしても解ければ楽しくなります。

また、苦手には、必ず原因があります。

その原因究明こそが大事です。具体的に「ここがわかっていない」と理解して、苦手を苦手のままにしないことで、算数全般への拒否感は生じにくくなります。

算数のプロである先生なら、つまずいている単元がわかる

「算数は積み上げ教科」という言葉を聞いたことはありますか？

この言葉は、大抵「積み上げに失敗したから、算数が苦手になった」という言い方で使われます。しかし、別の側面から見ると、算数は体系立って知識が積み上げられている教科だからこそ、どこでつまずいているかがわかりやすいともいえます。

算数のプロである小学校や塾の先生ならば「ここで間違えるということは、おそらくこのあたりの単元でつまずいているんだな」と、おおよその見立てができます。

保護者や子ども自身では、それがわからないことがほとんど。そのため、**問題を解く「量」で勝負をして、子どもが算数嫌いになってしまうことも**少なくありません。

苦手の原因を見つけるために、一度先生に相談してみるのもいいでしょう。

一般的に積み上げの失敗が顕著になるのは高学年からですが、低学年でも積み上げ要素はあります。

たとえば、足し算や引き算など基本的な四則計算は、どのような問題を解く際にも必要です。そのため、低学年でもきちんと練習して習得しておきたい算数の土台だといえるでしょう。

また、**「算数の中でも、とくにこの分野が苦手」というケースも**あります。

ＳＡＰＩＸの溝端先生は今では算数の先生をしていますが、小学生の頃は図形問題への苦手意識があったそうです。大人になった今、「どうして苦手だったのか？」を振り返ったところ、平面図形の基本パターンをよく知らないまま問題に挑んでいたことが原因だと考えつきました。

当時の溝端先生は、図形問題の得意な子は、問題を見たその場で考えていると思っていましたが、実際はそうではなく、図形の基本パターンをしっかりと頭の中に入れて臨んでいたのです。

平面図形の知識は、立体図形の問題にも応用していく基礎となります。だから、溝端先生は立体図形にも太刀打ちができなかったと語っています。結果、図形全般に苦手意識を抱いていたのでした。

算数への苦手意識があったとしても、それを克服して、算数を教える先生になるこ

ともできる。積み上げ教科だからこそ、自分のつまずいている原因を克服すれば、一気に理解が深まることがあるのです。

Check!

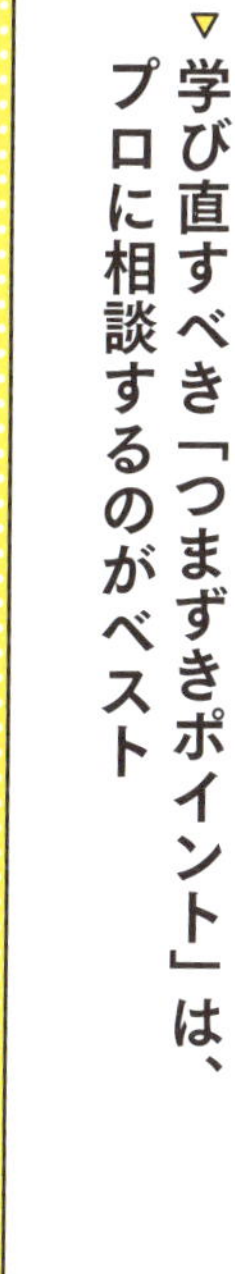

▼「算数が苦手」と親が言っていると……

①本当はできていても、苦手になってしまう可能性がある

②「算数は苦手だからしょうがない」とあきらめて思考停止してしまう

▼学び直すべき「つまずきポイント」は、プロに相談するのがベスト

算数と受験算数は違う

タイムリミットを意識するかしないか

保護者の中には、算数のテストが全然解けず、終了時間が迫ってあせる感覚から「算数が苦手」という意識を持っている人も少なくないかもしれません。
しかし、それは算数のごく一面しかとらえていないので、もったいないことだともいえます。

ここで重要なことは、「算数」と「受験算数」の違いを理解することです。

問題を解くのが遅くても算数が苦手ではない

これらは同じ算数でも考え方が異なります。

算数の問題の解答を導きだすには、いろいろなアプローチが許されています。元来、「こんな方法があるかな？」「これも試してみようかな？」とトライアンドエラーをする教科が算数です。

だから、解法が見つかるまで2時間でも3時間でも考える子は歓迎されるべきです。

もっと極端なことを言えば、計算問題に対してもパパッと答えるだけでなく、「ひとつひとつ数えて答える」といった取り組みだって、認められてもいいかもしれません。

しかし、多くの大人が習ってきた算数はそうではありませんでした。

それは、受験算数を意識した勉強法だったからです。**受験算数になると、どうしても「時間の制約」の問題が生じます。**

ここでいう時間の制約には、2つの意味があります。1つは、試験時間です。制限時間内にテストを終わらせることを考えると、同じ「解く」でも短時間で解ける方法を身につけなければいけません。

もう1つの時間制約は、受験時期までに解けるようになる必要があることです。中学受験の場合は、小学6年生の1月と2月に集中しています。その時期までに、必要なことを学習しておかなければいけません。

これは、高校受験でも大学受験でも同様ですね。最高のパフォーマンスを発揮するタイムリミットが決まっています。

このように、時間内に答えを書かなければいけないというプレッシャーから、算数に対して「できない」という思いが強くなっているケースがあります。

しかし、**本来、処理能力の速度と理解力は別物のはずです。**

制限時間内に解くことは苦手だけれど、じっくり時間をかければ解くことができる子もいます。

一方で、時間的制約があるからこそ集中して打ち込める人もいるでしょう。時間的制約があることで得られるメリットもありながら、当然としてデメリットもある。じっくりタイプの子は、決して算数が苦手なわけではないんです。

Check!

- **受験算数……試験時間内に解くことと受験時期までに学習するという時間的制約がある**
- **算数……トライアンドエラーしながらじっくり時間をかけて解いてもいい**

算数はメンタルが大事な教科

がんばればできる問題を解いて自信をつける

「算数が苦手」というと、猛特訓をしたり難しい問題をどんどん与えてなんとか追いつかせようとしたりする保護者がいます。子どもの状況に対して、保護者のほうがあせってしまっているのです。しかし残念ながら、そうした取り組みをした結果、マイナスの影響がでることが多くあります。

それは算数が「メンタルの教科」だからです。

コンディションを整えて問題に向かおう

算数は、複雑な条件を整理したり、どのアプローチで解いていくと効果的かを考えたりすることが求められる教科です。ほかに気がかりなことがあると、その事柄に気持ちが持っていかれて、解き進めることが難しくなってしまいます。

また、**苦手だからといって猛特訓をすることで問題を見るのも嫌になってしまったり、難しい問題がまったく解けずに自信を失ってしまったりする**と、「解けない」「わからない」という思いが増大していきます。

そして、問題に向かう前から身構えてしまい、本来理解できていることも解けなくなってしまうケースすらあるのです。

重要なのは、基本に立ち戻り、自分で「解ける」という経験を積み重ねること。まずは少しがんばれば解けるレベルの問題にていねいに向き合って、太刀打ちできる範囲をちょっとずつ増やしていきましょう。

こうしたアプローチは、着実に問題を解く力をつけていく効果とともに、前向きな気持ちを取り戻す意味も持っています。

中学入試を目指す子が6年生の後半にスランプに陥ることがあります。

それは、入試直前で不安になって、「結果をださなければ！」と自分を追い込んでしまうから。あせりに脳をジャックされている状態です。

追い込まれている状態で難易度の高い問題を解こうとすると、「もうだめだ」と追い詰められたような気持ちになり、一層悪循環に入っていきます。

このようなときに、解く問題の量を増やす対策は、悪循環をさらに加速させるだけです。あせったり自信を喪失したりしている状態ですから、普段よりも解くことが雑になっています。よいパフォーマンスを発揮することができず、さらに間違いが増えて落ち込んでしまいます。

同様に、疲れているときや眠いときなども算数を解く力はガクンと落ちます。

メンタルが不安定なときに大切なのは、問題を解く量を増やして何とかしようと思わないこと。まずは心身のコンディションを整えて、がんばればできるところまで戻り、少しずつ解ける自信を取り戻していきましょう。

Check!

- **算数は、まずは自信をつけることが大切**
- **メンタルが不安定なときは、問題量を増やすより、がんばれば解けるレベルの問題を解く**

第2章

算数の思考力を育む接し方

思考力を育むには、子どもの邪魔をしないが鉄則！

算数の考える力を鍛える6つのコツ

前章では、算数という教科の特徴について見てきました。40ページでも解説しましたが、算数の力を上げるには、「思考」と「習得」の両方が欠かせません。

第2章では、家庭でできる思考力の鍛え方について説明していきます。

子どものことが心配になり、あれやこれやと手をかけてしまうのが親心でしょう。しかし、SAPIXでは、子どもの思考力を育むベースとなるのは「子どもの邪魔をしないことだ」と伝えています。

では、邪魔をしないためには、一体どうすればいいのでしょうか。
具体的には、次の通り6つのコツがあります。

子どもの思考力を育てる接し方

コツ① 教えすぎない
コツ② 子どもの興味関心を大事にする
コツ③ 学ぶ楽しさを伝える
コツ④ 競争心をくすぐる
コツ⑤ 適切に子どもを困らせる
コツ⑥ 十分なコミュニケーションをとる

これらのコツが、どのように算数の力とつながっていくのか、それぞれ詳しく説明していきます。

接し方のコツ ①

教えすぎない

教えすぎは、受け身の姿勢につながる

ＳＡＰＩＸでは講師の先輩から、脈々と受け継がれている言葉があります。それは、「教えすぎるな！」ということ。

「塾なのに『教えすぎるな！』ってどういうこと？」と思いますよね。

大人はよかれと思って、つい子どもに「あれもこれも」と教えようとします。

そうすると、**すでにその内容を理解している子はどんどん話を聞かなくなります。**ま

た、わかっていない子は「言われた通りにやればいいや」と受け身の学習になっていきます。教えすぎることで依存心が高くなるというデメリットがあるのです。

理解している子にとっても、理解していない子にとっても教えすぎることはマイナスに作用してしまいます。

あたりまえのことですが、テストでは自分の力で問題を解けることがとても大事になります。

もっというと、中学受験をしてもしなくても、子どもの問題解決能力を高めていくことは、この先の社会で生きていくうえで非常に重要です。

しかし、あまりにも教えられることに慣れてしまうと、「わからないことは聞けばいいや」「待っていれば教えてくれる」という姿勢が身についてしまいます。

とくに**算数という教科では、「教わればわかるけれど、自分で考える（手を動かす）ことは苦手」になってしまいます。**

子どもに「教えて」と言われたら？

教えすぎないことが重要な一方で、子どもに「教えて」と頼まれたのに「自分で考えよう」と断ってしまえば、「もういいや」とあきらめてしまう可能性もあります。一度心のシャッターが下りてしまうと、そこからまた興味を持ってもらうのは大変なことです。**「がんばったらできるかもしれない」という段階まで教えることを目標**に、つかず離れず調整しながら接していけるとよいでしょう。

大切なことは、子どもが自分で考えられる余白を残しておくこと。SAPIXでは「ここまでは教えて、ここからは自分で考えてほしい」という切りわけをしています。

「ここはこういうふうにすればわかるはずだから、1回自分で解いてみよう」とうながします。しかし、その塩梅（あんばい）が算数を教えているプロの先生でもとても難しいのです。まして、ご家庭であればなおのことでしょう。

さらに言うと、どこまでの範囲を教えて、どこからは自分で考えたほうがいいのか、すべての子どもにあてはまる正解はありません。

ただ、どの子どもにおいても思考する機会を奪ってはいけないということは共通しています。

たとえば、算数の問題を解くのに方程式の知識を持ち込んでしまうと、本来は子どもがもう少し試行錯誤して視野を広げたほうがいいタイミングだったとしても、先に効率的に解く方法を習得して思考する余地がなくなってしまいます。

また、大人が教えすぎることで子どもがうんざりしてしまい、勉強への抵抗感を抱く可能性もあります。

「叱られても仕方がない」と子どもが思っていることでも、1時間ずっとお説教をされ続けると誰でも飽き飽きしてしまいますよね。この場合と同じように、**1つの問題が解けないからといってずっと教え続けられると、「面倒だな」「できたことにしちゃいたいな」といった気持ちが湧いてくるのは自然なことです。**

問題の情報整理を手伝う意識で教える

大人は子どもに「勉強を教える」という姿勢ではなく、「問題の情報の整理を手伝う」「思考をうながす」といった接し方をすることがおすすめです。

「この部分ではどう思ったの？」
「この問題には、どんなことが書いてある？」
「ここまではわかったんだね。どこからわからなくなった？」

そうした投げかけによって、子どもが自ら思考を整理していくのを待ちます。

この調整は大変難しいですし、時間がかかるアプローチでもあります。だから、完璧にやろうと思う必要はありません。**少なくとも、「一から十までは教えない」ということだけでも、大切にできるとよいでしょう。**

大人には「待つ力」が必要！

「教えすぎない接し方」が大切なのは、算数に限ったことではありません。生活や遊びの中で、子どもの思考力は育まれていくからです。

たとえば、子どもが掃除機の使い方に困っていたら、まずは自分で**試行錯誤している姿を見守りましょう。**

もしも、「掃除機の使い方を教えて」と子どもから言ってきたら、「こうやってかけるといいよ。どうしてだと思う？」などと問いかけながら、思考をうながす方法も有効です。

教えすぎないように接する。

これを実現するために大人に必要なことは「待つ力」です。勉強だけでなく、生活や遊びの中でも考えるきっかけとなる「問い」を投げかけながら、子どもが自ら考える機会を設けていけるとよいでしょう。

の例

あれもこれもと教えすぎると、子どもは言われたことをやるだけになってしまうので要注意です！

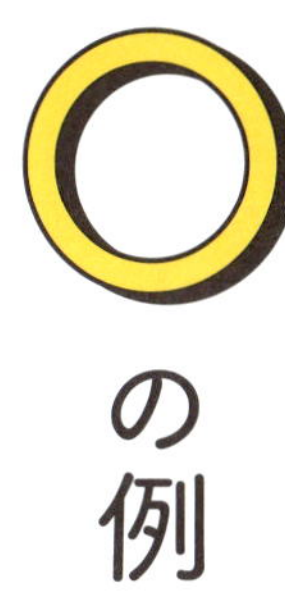

の例

すべてを教え込むのではなく、わからない問題の情報整理を手伝う意識で接してみましょう。

接し方のコツ②

子どもの興味関心を大事にする

勉強以外のことへの好奇心を大切にする

算数は論理を積み上げていく教科です。

そのため、身のまわりの出来事や物事に「なんでだろう？」と興味関心を持つことは、論理思考につながり、そのまま算数の学力につながっていきます。

とくに、**高学年の複雑な問題に差し掛かったとき、論理思考に強いことは大きな武器になります。**

興味関心は、勉強だけにとどめておく必要はありません。

たとえば、「うちの子、ゲームが好きで困っています」といった保護者のお悩みはよく聞きます。健康を害するほど没頭するのは問題ですが、「ゲーム＝悪」というわけではありません。ゲームでうまくクリアするために何が必要かを考えること自体は、頭を使うトレーニングになります。

ＳＡＰＩＸに通う子どもたちの中にも、エイプリルフールにいかに鮮やかに人を騙すかを全力で考えていた子や昆虫をペットとして家で放し飼いにするにはどうしたらいいかを考え抜いていた子がいました。万が一実行されれば、家族は大パニックになりますが、思考力はあらゆるシーンで鍛えられるものです。

つまり、よく頭を使う子どもの興味関心は、必ずしもペーパーテストの勉強にひもづく内容に限定されるものではないのです。

ＳＡＰＩＸでも、「そんなところに⁉」という点に興味を持った子が、次第に勉強への関心も広げていくことは、めずらしくありません。

いわゆる「優秀な子」のイメージとして、大人は「言われたことを言われた通り、きちんと真面目に勉強する子」を思い浮かべるでしょう。

しかし、勉強だけに興味のある子どもはいません。幅広い興味を持っていて、その中の1つとして算数への興味があるという位置づけなのです。

だからこそ、**とくに学びの土壌を耕す低学年の間は、興味関心の幅をいわゆるペーパーテストに関することだけに絞らないのが重要**です。

子どもの興味関心を予測することは不可能

子どもの関心は、何によって決定づけられるのでしょう？

どんなことに興味を持つのか、どのくらい掘り下げるのかは、子どもによって異なります。

教育のプロの目から見ても、「この子はこういうものを与えたら、絶対に興味を持つ」ということはわかりません。つまり、他人が予想できるものではないのです。「〇〇したら、△△に関心を持つ」といったコントロールはできないので、幅広くいろいろなものを経験することが大切になってきます。

そして、**「子どものために何かをする」のではなく、親御さんも一緒になって楽しんでみてください。**

なぜならば、「子どものために用意したのに！」という自己犠牲の気持ちが強まると、イライラしたり虚しい気持ちになったりして、子どもに八つ当たりしてしまうかもしれません。

それに繰り返しになりますが、子どもは、保護者が楽しんでいることに興味を持つことが多いものです。だからこそ、「親子で楽しめる何か」を見つけていくことがポイントになります。

子どもが夢中になっているときは、大人が余計なことを言わないほうが「学び」につながります。

の例

興味を持っていることは、放っておいても自ら学びます。そっと見守ってあげましょう。

接し方のコツ ③

学ぶ楽しさを伝える

子どもが楽しさを感じる3つのタイミング

学ぶ楽しさを味わうことは、次なる学びへ向かう原動力になります。子どもたちが学びを楽しく感じるタイミングは、大きくわけると次の3パターン。それぞれの楽しさを伝えるために、大人の接し方も異なってくるので詳しく説明していきます。

① 成果がでる楽しさ

② 知的好奇心が刺激される楽しさ

③　一生懸命頭を使う楽しさ

①「成果がでる楽しさ」を伝える

「解けた！」「点数がとれた！」といった成功体験は、早いうちに積んだほうがいいでしょう。さらに、できたことをきちんと承認すること。

がんばってできたことに対して、評価をもらえるのは誰でもうれしいものです。とくに子どもは、親から褒められるとすごく喜びます。

成果を見えやすくすることも、子どものやる気につながるポイントです。

目標を達成したら、シールを貼ったり花丸を描いたり、子どもの達成感を喚起できるコミュニケーションを積み重ねていけるといいですね。

ＳＡＰＩＸに通っているご家庭でも、「計算問題に取り組んだらシールを貼って、10個集まったらお菓子を買ってあげる」というルールにしている親子がいました。ご褒美方式は賛否がわかれますが、見えやすい形で「これだけがんばれたね！」と過程を認めていく手段として活用してみてもいいかもしれません。

一方で、「できてあたりまえ」と思われることは、つらいものです。「みんなできているのに」や「〇年生なのにこんなことができなくてどうするの」と言われてしまうと、モチベーションは下がってしまいます。


第1章で算数はメンタルの影響を受ける教科だとお伝えした通り、問題に向き合うには自己肯定感を上げて、自信を持って解き進めることが非常に重要になります。

自信を築くためには、「結果をだせた」という経験が必要です。そして、**幼少期から「自分ならばできる」と信じる力を持つことはすごく大切なことです。**


自己肯定感を上げることについて、開成中学校・高校の元校長の柳沢幸雄先生のお話には大きな学びがあります。柳沢先生は、水平方向の比較、つまり他の人との比較ではなく、垂直方向の比較をしていくことが重要だといいます。

垂直方向の比較とは、「以前できなかったことができるようになった」や「精神的に成長した」など、以前の子ども自身と比較してどう変わったかという視点です。

「成績の順位が何番だったか」や「偏差値がいくつだったか」といった水平方向の比較（他の人との比較）になると、たとえ子どもが90点をとったとしても「他の子は100点をとっているんだから、もっとがんばりなさい」といった厳しい接し方になる可能性があります。

たまに、「うちの子は算数が苦手なので褒めるところがなくて」という保護者にお会いすることがあります。しかし、垂直方向の比較をすれば、絶対に褒めるところはあります。**どんなに算数が苦手な子であったとしても、1年前と比べたら解ける問題が圧倒的に増えているはずなのです。**

とくに幼少期のうちは、その子ができるようになったことに目を向けましょう。幼少期は、短期間でできることがどんどん増えていく時期です。できたことを1つずつ認める声がけをしていく。小さい頃からそういった経験をたくさん積んでいけると、一生ものの素晴らしい自信につながります。

②「知的好奇心が刺激される楽しさ」を伝える

一見すると、**算数と関連のないジャンルの体験であったとしても、算数の問題を解くために必要な知的好奇心を育むことにつながっていきます。**

たとえば、「テレビのドキュメンタリー番組を見て、アマゾンの奥地にはこんな文化があるんだ」ということを知ったとします。「へー!」と子どもの心が動き、「世界には私が想像できないような文化を持つ民族がもっといるのかな?」「ジャングルの奥地では、どんな生活を送っているのだろう?」など、子どもによってさまざまな知的好奇心が湧いていきます。

これまで触れたことのない社会的なことや科学的な事象を知ると、知識欲が刺激されるのです。

このような、さまざまなことを吸収していこうという姿勢は、自分の知らなかった解き方を習得していこうとする算数を学ぶ意欲にもつながります。

興味の幅が広い子どもは、自分が一度解けた問題に対して、別解も探ろうとします。「こっちもおもしろそうだな！」「他にも方法があるかな？」と興味は数珠つなぎとなっていくのです。

逆に、別解に対して興味を示さない子も多くいます。

別解を楽しめる子は、問題を解くことがゴールになっているのではありません。もっと根源的な知識欲や好奇心に突き動かされていて、自分が楽しいと思うかどうかが重要なのです。けれども、別解に興味のない子は、答えがでるかどうかだけが関心事となっています。

知識欲や知的好奇心を育てていくには、あらゆるジャンルで経験できる「そうなんだ！　おもしろいな」「知らないことを知れて楽しい！」という感覚を積み重ねていくことが欠かせないのです。

③「一生懸命頭を使う楽しさ」を伝える

精一杯頭を使うことは、楽しいものです。人によって感覚は違いますが、往々にして簡単すぎる問題はつまらないですし、難しすぎると早々にあきらめてしまい、「楽しい」という気持ちにつながりません。

子どもによって、一生懸命頭を使えるレベルは異なります。プロであっても、それを見極めることはとても難しいものです。SAPIXでも、難易度のちょうどいい教材を作成することに常に試行錯誤していますす。教育関係者ですら難しいのですから、保護者であればなおのことでしょう。

では、家庭では何ができるのでしょうか。

それは子どもが好きな、あるいは好きそうなものを選んで取り組む機会を提供することです。

ナンバープレイスと呼ばれる知育系のパズルゲームは、大人でも趣味で取り組んでいたり脳トレで使っていたりしますよね。

また、お絵かきパズル「ピクロス」も子どもに人気です。**市販のパズルや迷路、間違い探しなどは、子どもたちが真剣に頭を使う格好のツールです。**もし、すでに子どもが喜んで取り組んでいるゲームやパズル、熱中しているものなどがあれば、それを大事にしてあげてください。

　または、単純に子どもが好きなキャラクターが描かれている教材を渡してみるといった方法でもよいでしょう。

　これらに取り組むことで、注意力や読解力、分析力、条件整理能力、計算処理能力など、いろいろな力が高まっていく可能性があります。

　SAPIXでは、低学年の保護者から「先取り学習をして知識を早めに教えたほうが入試に役立つのではないか」といった相談を受けます。

　しかし、そうした保護者に対しては、**「低学年の頭が柔らかい時期こそ、いろいろな経験をして自分で考えていくことに慣れるべきです」**と伝えています。

　低学年だからこそ、机に向かう勉強だけに限定せずに、頭を使う楽しさを思いっきり味わっていく。子どもが没頭しているさまざまなことを認めてあげることが、非常に大事なのです。

の例

他の子が夢中なことでも、自分の子が気に入るとは限りません。子どもが好きなものを選びましょう。

の例

ブロックやボードゲームもおすすめです。子どもが好きなもので、頭を使う楽しさを伝えましょう。

接し方のコツ ④

競争心をくすぐる

子どもの性格によって手加減しつつ勝負する

子どもは大人と競争や対戦をすると、楽しみながらがんばれるものです。そこで、**ゲーム要素を取り入れて、数字に触れてみるのはいかがでしょうか。**

七並べや神経衰弱などの数字に親しめるトランプゲームはもちろん、パズルや間違い探し、ナンバープレイス、点つなぎゲームなどは、1人で行うより保護者と対戦しながら遊んだほうが夢中になれます。

大人が本気であればあるほど、子どもも真剣になります。何度かお伝えしていますが、親が楽しむことは子どもが楽しくなるためのキーポイントなのです。

しかし、大人が本気をだしてずっと勝ち続けてしまうと、子どもの性格によっては拗ねたり「もうやらない」と言いだしたりする可能性があります。

難しいかもしれませんが、その場合は、子どもにバレないようにこっそり手加減をしてみましょう。

子どもの性格によっては、自分が負け続けていたとしても「お父（母）さんはすごい！」と感じて、「自分もそうなりたい」とむしろ前向きなパワーを発揮する子もいます。そうした子の場合は、大人も本気の勝負を続けてください。

子どもの性格や様子を見て、接し方を工夫していくことが楽しみながら思考する力を育てていくコツです。

の例

保護者が勝ち続けると、子どものやる気が失われるかも。様子を見て、いい勝負を心がけてください。

の例

保護者も一緒に楽しみますが、子どもが夢中になれるように性格を考慮して接し方を変えましょう。

接し方のコツ ⑤

適切に子どもを困らせる

お世話のしすぎが、子どもの成長機会を奪う

子どもが忘れ物をしそうなとき、どんなふうに声をかけているでしょうか。失敗をしないように、「あれは入れたの？」「ちゃんと確認した？」などと声をかけていないでしょうか。

「子どもが困らないようにしてあげたい」

「先生に怒られないようにしてあげたい」

そんな親心があるのは、当然のことだと思います。

しかし、大人がどんどん先回りをしていくと、自分で「忘れ物をしないためにはどうしたらいいか」について考えなくなってしまいます。つまり、忘れ物が自分ごとになっていないので、忘れ物を防ごうという意志が働かないのです。

SAPIXでは、算数の復習テストで点数が2回連続で悪かったときには、何が原因だったかを子ども自身が考えるようにうながしています。たとえば、計算練習が足りていなかったのか、ケアレスミスが多かったから見直しをていねいに行う必要があったのかなど、子ども自身が思考をめぐらせます。

先生や保護者が一方的に、「あなたの対策はこれです」と伝えても、自分で考えた方法ではないので、主体性がないまま「こなすだけ」になってしまうからです。

自分で考えた対策を試したものの、ときにはそれがうまくいかないこともあるでしょう。その際は、別の工夫をしてみればいいのです。

こうした試行錯誤を経験しなければ、困ったことが発生したときに思考停止の状態になってしまいます。

転ばぬ先の杖を用意し続けると、子どもの成長機会を奪っていることにつながりかねないことを心にとめておいてください。

少し先の未来を見据えて、失敗をしたことがないまま成長していくとどうなるかを考えてみましょう。

失敗は恥ずかしいことではないと教える

SAPIXでも失敗の経験がないゆえに、うまくいかないことができてきたときに癇癪を起こしてしまう子どもがいます。高学年になって、初めてうまくいかないことが目前に現れて、他の子どもよりも大きな混乱が生じたのではないでしょうか。

こうしたケースを耳にすると、**低学年の間に「うまくいかなかったね。次はどんな挑戦をしてみる？」と対話できる経験を大切にしてほしい**と思うのです。

それと同時に「失敗は恥ずかしいことではないんだ」ということを伝えてほしいと

も思います。

少し話がそれますが、高学年になると、失敗を過度に恐れるあまり、カンニングをしてテストの点数を誤魔化そうとする子がでてきます。

SAPIXでは、カンニングを見つけたら指導しますが、それだけでは子どもが心の底からカンニングをやめようと思わないこともあるといいます。

なぜなら、「見つかったから悪いのだ」という思考になるからです。そのため、「今度は見つからないようにカンニングをしよう」という考え方に向かってしまいます。

大事なことは、「カンニングをしても自分のためにならない」という根本的な部分について子ども自身が腹落ちすることです。

自分の勉強にはならないし、問題を解く力がどんどん落ちていくから、やめたほうがいいと理解しておく必要があります。

そのためには、間違えることは恥ずかしいことではなく、それを誤魔化すことのほうが悪影響であるときちんとわかっていなければなりません。

これは、小学生時代に限ったことではないでしょう。

その後の学習においても、大人になったときの仕事においても、**できないことや失敗を誤魔化そうとする気持ちばかりが働いてしまうと本質的なことを達成できないい**ままになってしまいます。本当に目指すべき価値を見出せていなければ、自分の目標を実現することはできません。

誤魔化したり失敗を回避したりといったひとつひとつの行動は些細なものだったとしても、積み重ねると大きな差になってしまいます。

失敗しても子どもを承認して、自信を育てる

失敗を怖がらないためには、大人の姿勢が非常に重要です。

たとえば、必死に考えた結果、解けない問題があったことに怒ったとしたら、子どもは萎縮します。この場合、マイナスばかりでプラスはありません。

大人が叱ったところで、問題が解けるようになるわけではないのです。むしろ怒られることで失敗を恐れて思考が働かなくなり、パフォーマンスが低くなる可能性があります。

できなかったことを叱るのではなく、「ここが解けなかったんだね。次回はどうしようか？」といった失敗を次にいかす対話をするのがベストです。

これまでお伝えしてきたように、子どもにはどんどん失敗をさせてあげたほうがいいのですが、失敗ばかりだと自信が育まれずに自己肯定感が低くなってしまうという側面もあります。

そういったときは、点数という結果には表れていなかったとしても、「ここまではできるようになったんだね」「あと一歩だったね」と過程を認めたり、92ページでお伝えした子どもの成長を垂直方向で承認したりすることがポイントになります。

どんな子どもでも、親が「自分ががんばっていることをわかってくれている」と思うと、安心感を抱いて、また挑戦しようと思うことができるのです。

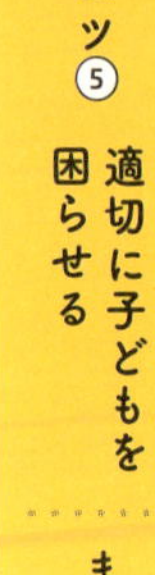

の例

よかれと思って、親がお世話をしすぎると、子どもが自立する機会を奪うことになってしまいます。

○の例

失敗を経験した子は「もう失敗したくない」と思い、いろいろと考えて対策できる子に育ちます。

接し方のコツ⑥

十分なコミュニケーションをとる

子どもとの信頼関係は、すべての基本

「自分のことをわかってくれている」という安心感を、コミュニケーションを通して子どもに与えることはすごく大事です。

勉強をサポートするときも「ここまでできたんだね」「どこらへんが難しかった?」などの会話が、自分のことをちゃんとわかってくれているという信頼につながっていきます。

コミュニケーションから安心や信頼が生まれるのは、親子に限ったことではありません。

大人でも、自分とコミュニケーションをとっていない上司に注意ばかりされたら不信感が募っていきますよね。「私のことなんてわかっていないくせに」と感じて、仕事をがんばろうという意欲が湧いてこないのではないでしょうか。

子どもも同じです。**日頃コミュニケーションをとらないのに、「勉強しなさい」とだけ注意をしても、「お父（母）さんは、わかっていない」と、学びへ向かうモチベーションは上がりません。**

勉強以外のときの子どもとの会話は、「(友達の)〇〇ちゃんとどんなことをして遊ぶの？」「運動会の練習は、何をしているの？」「給食には、どんなご飯がでた？」などなんでもいいのです。親子で話をすることで、子どもが今考えていることや関心事などの情報が自然と集まってきます。

情報を伝えることで、論理思考が鍛えられる

また、相手にわかるように何かを伝えるのは算数でも必要な力です。話す順番を考えて、過不足なく情報を伝えること。これは、論理思考につながります。コミュニケーションを重ねる中で、子どもたちはそういった力を磨けるのです。

ここで大切なのは、**子どもが頭を使うコミュニケーションにするために、オープンクエスチョンを用いることです。**返答が「うん」だけで終わるような投げかけは、思考力を育むことにはなかなかつながりません。

子どもとのコミュニケーションにおいて、もう1つ知っておいてほしいのは、タイムラグが発生すること。

何か子どもに注意をするときは、すぐに結果をだそうとしないようにしましょう。1回の注意できちんと改善することはかなり難しいはずです。それは子どもだけでなく、

大人でも同様ですよね。

たとえば勉強習慣について、1回注意したぐらいではすぐに改善しません。

むしろ、1回で正そうと考えると、すごくきつい言葉遣いになったり手がでてしまったり、子どもを追い詰めるコミュニケーションをとってしまいます。

注意されたことが腑に落ちるまでには、子どもの成長がある程度必要です。

そして、子どもの発達段階が追いつくと、これまで話してきたことがじわじわと実っていきます。「あのときに注意されていたことは、こういうことだったんだ」と理解する瞬間が訪れるのです。だから、すぐに改善されなかったとしても決して無駄にはなりません。

子どもに何かを伝えておくことは、「種まき」だと思っておけるとよいでしょう。

すぐに芽がでなくてもあきらめたり怒ったりしないように、長い目で見てたくさんの会話を積み重ねてください。

✕の例

子どもの成長は、勉強面だけではありません。子どもの多様な「伸び」を見つけてあげましょう。

の例

子どもと話をして「お父（母）さんは、私（僕）のことをわかっている」という信頼関係を育みます。

第3章

算数の習得をサポートする方法

楽しいことが、勉強になる仕組みづくり

とにかく算数の第一印象をいいものにする

算数に必要な「思考」と「習得」のうち、第2章では「思考」についてお伝えしました。続いて第3章では「習得」を解説していきます。

「習得」というと、どうしてもドリルをたくさん解いたり長時間机にかじりついたりするイメージがあるかもしれません。しかし、それだけが「習得」ではありません。

とくに、**低学年のうちの「習得」は「思考」とセットで考えていく必要がある**とSAPIXの先生たちは口をそろえます。「ある程度の段階になったら、確かに反復

練習も必要です。しかし、それを早いうちから強いてしまうと、算数という教科を嫌いになってしまう可能性がある」と指摘しています。

誰もが好きなことに対しては勝手にどんどん没頭していきます。子どもであれば、その傾向はもっと強いでしょう。低学年における「習得」では、楽しいことをしていたら、いつの間にか勉強になる仕組みづくりが大切なのです。

また、勉強は、最初に習ったときの印象が長く尾を引くものです。多くの人が、第一印象だけで「図形問題は苦手」「長文問題は読みたくない」などの苦手意識を抱いています。とくに算数はその傾向が強いのが特徴です。

出会った瞬間に「あ、これは苦手」と思うと、払拭することにとても苦労します。

そのため、SAPIXでは低学年において、「これならばできそう！」「おもしろいかも！」と思える「習得」の仕掛けを用意しているそうです。

では、楽しい「習得」を実現させるために、保護者はどのようなサポートをするといいのか見ていきましょう。

「習得」にも「思考」が必要

なぜそう解くのかを「思考」しながら「習得」する

SAPIXの低学年クラスでの合い言葉は、**「まずは自分でやってみよう、自分なりに考えてみよう」**です。

試行錯誤して楽しみながら、知らないうちに学びを身につけていくことを目指しています。

第1章から、「思考」と「習得」が大切とお伝えしていますが、実際の勉強でこの

「思考」して「習得」の質を高める

2つをきっちりと切りわけて考えることはありません。

本当の意味での「習得」をするためには「思考」する必要があり、「思考」するためには「習得」した知識が不可欠です。

「思考」と「習得」は相互に関連しているのです。

「習得」方法に子どもが自ら気づくことが大切

ここで、「習得」にも「思考」が必要になる例を1つあげてみましょう。

「何通りあるか」を導きだす「場合の数」の問題で、最もシンプルな解き方は、「思いついた順に書きだしていく」ことでしょう。

これは、「習得」にあたります。

しかし、思いついた順に書きだして解いていくうちに、子どもが「思考」して、その方法では抜けや重複があることに気づきます。

そこから、「そうか、小さい順（大きい順）に書きだせば、抜けも重複もなくなるんだ」と自分で「思考」することで、「習得」の質が高まるのです。

もし、**子どもが自分で気づく前に先生や保護者から「小さい順に書いたほうが数えやすいよ」と伝えてしまえば、子どもの「なぜ、そうすべきなのか」を思考する機会を奪ってしまいます。**

「大人に言われたから、そういうものなんだ。小さい順に書いていこう」となってしまったら、その必然性を理解していない思考停止の状態になります。
このように、「習得」を目指しているときも、「なぜそうなるのか」を「思考」しなければいけないのです。

Check!

▽ **子どもが自分で「思考」しながら学ぶことで、本当の意味で「習得」できる**

低学年から訓練型の学習をするメリット・デメリット

幼少期こそ考える練習を積もう！

「もっとどんどん問題を解いたほうがいいでしょうか？」

子どもを低学年からＳＡＰＩＸに入塾させている保護者の中には、そんな不安を口にする人も少なくありません。そのときにお伝えしていることは、「低学年の頃から詰め込み勉強をさせることには、メリット・デメリットがある」ということです。

小さい頃から訓練的な学習をしていれば、知っている問題を解くのはかなり速くな

訓練型の勉強は知らない問題への抵抗感に

ります。

他の子どもたちが、ひとつひとつ考えながら問題を解いている間に、凄まじい処理能力で問題を解き進めていくことができるからです。

保護者の中には、こうした訓練型の学習に慣れている人も少なくなく、そちら側に過度に重きを置いてしまう人もいます。

一方で、このような**訓練型の勉強に特化すると、その子の知らない問題がでてきたときに解決する術（すべ）がなく、ピタッと手が止まってしまう傾向があります。**

その背景としては、試行錯誤しながら、自分の知っている知識を総動員して考える練習が足りていないことが考えられます。

小さい頃から自分なりに考える経験をしていると、簡単には思考を止めずにあれこれと試してみる能力が育ちます。

わからないことがあったとしても、「まずは自分のできることをやってみよう」と思えるのです。

規則性の問題であれば、公式はわからなかったとしても自分で書きだして「何かルールはないかな」と探ったり、とりあえず当てはまりそうなものを書いて共通性を見つけようとしたりします。

そのためＳＡＰＩＸの低学年クラスでは、次のページで紹介するような子どもが楽しめる素材を使いながら、試行錯誤できる問題をつくって工夫をしています。

楽しみながら試行錯誤できる問題

キャラクター：牧野タカシ　©サピックス小学部

訓練型の勉強と思考力を使う練習のどちらかが優れているわけではありませんが、**頭の柔らかい幼少期においては知識やテクニックの習得だけで終わってしまうのはもったいない**ことです。

また、考える練習をあまり積んでこなかった子が、5～6年生で難題に遭遇したときに、「考えてみよう」とうながされても急にできるわけがありません。「訓練して身につけることが勉強」と思って取り組んできた子どもにとって、学習方法を転換するのは簡単なことではないのです。

小学生時代の学習も中学受験も、長い人生の通過点にすぎません。大切なことは、将来にわたって問題に向き合って考えられる力を高めていくことではないでしょうか。

Check!

▽低学年から訓練型の学習をすると

・メリット……知っている問題は素早く解答できる

・デメリット……思考する練習が足りず、自己解決力が鍛えられない

「数」の学びは、子どもの大好きなお菓子から

生活の中で数を理解する力が、算数の土台になる

小さいうちは、具体的な「もの」を用意して数に触れていくとイメージがつかみやすいものです。おはじきを用意したり、指を折って数えたりしますよね。

とくに、子どもの好きなものを数えるときは、とても楽しんでくれます。

おやつにグミを食べるときに、ぶどうグミ3つ、オレンジグミ2つ、りんごグミ1つなどを用意して、「2つのものを食べていいよ」や「ぶどうグミとりんごグミは合

子どもの関心事から算数にふれる

わせて何個あった？」などと声かけをしながら食べてみてください。

「ぶどうグミを1つ食べたら何個になる？」という問いもいいでしょう。子どもにとって、何味のグミが何個あるかは大問題です。

子どもの関心事から数の学びを出発させたあとに、次のページにあるような算数の基礎となる問題を楽しみながら解いてみるのもいいかもしれません。

子どもがゲーム好きだとしたら、その特性をいかしてゲームで数の感覚を鍛えていく方法も有効です。ゲー

数の感覚を育んでいく問題

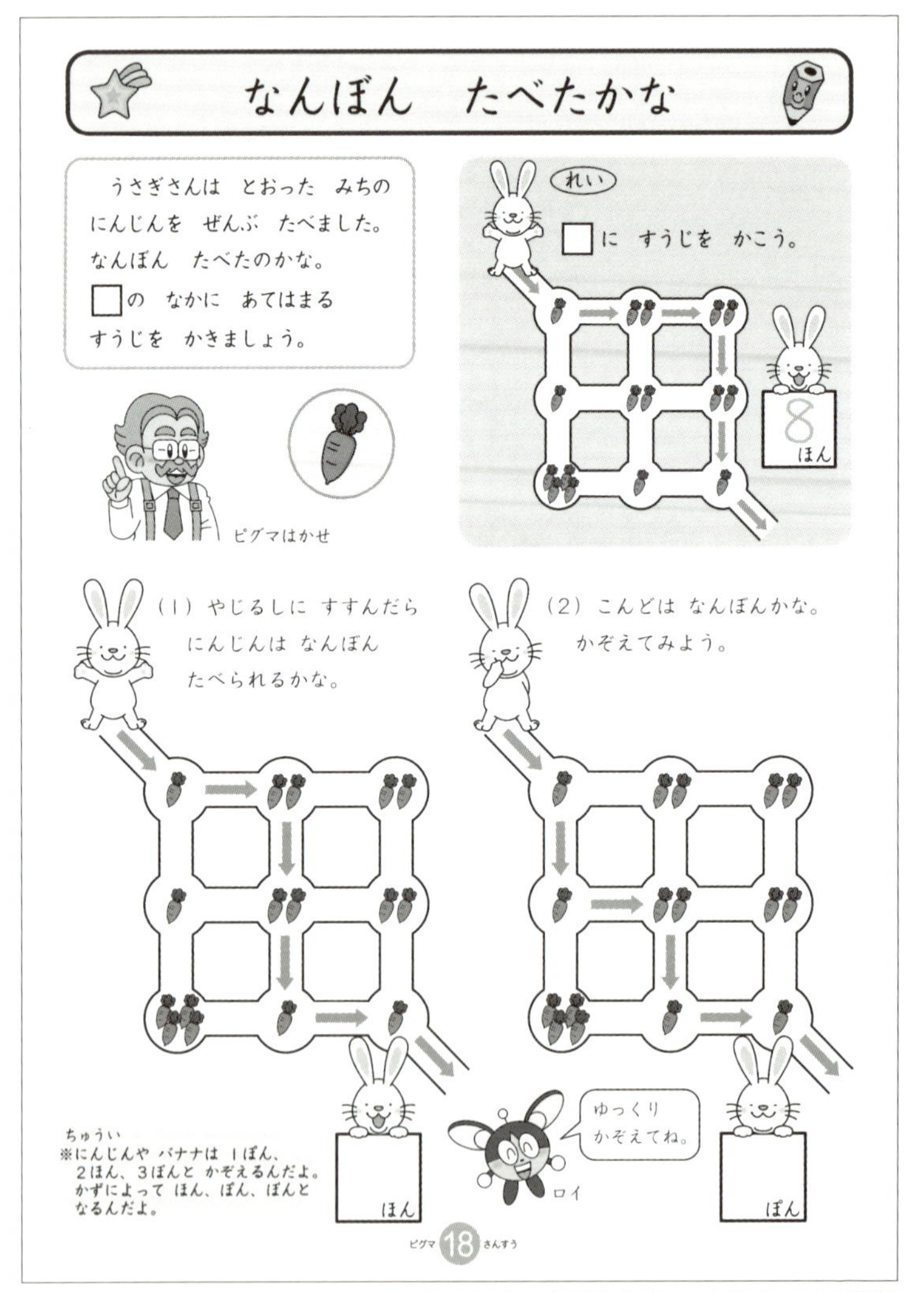

キャラクター：牧野タカシ　

ムの中では、数字で物事をとらえるシーンが多くあります。

たとえば対戦型ゲームでは、相手に勝つためにはどのくらいまでレベルを上げる必要があるのかなどを考えます。

他にも、果汁30％と80％のジュースでは、どんな味の違いがあるかを比べてみる。バスケットボールでは3ポイントシュートと2ポイントシュートがあるので、相手に追いつくにはどんなパターンがあるかを考える。野球好きの子であれば、プロ野球で「マジック○」という表示を計算の題材にすることもできるでしょう。

計算や数字は私たちの生活にあふれています。小さい頃は、生活の中の具体的な数字をいかして興味の幅を広げてみてください。

高学年では抽象的な思考が必要になる

算数の学習では具体的な数に触れてから、次第に抽象度を上げていく必要があります。**抽象度が上がることは、実際にものがないところでも算数的な思考ができるようになることを意味します。**

わかりやすく言えば、指は使わずに、足し算や引き算ができるようになっていくといった成長です。その段階では、そこにあるものを見て理解するのではなく、仕組みとして理解することが大事になってきます。

低学年では抽象的な理解を必要とする単元はほとんどありませんが、学齢が上がっていくと、6年生で分数の割り算に直面します。

皆さんもご存知のように分数の割り算は、分子と分母をひっくり返してかけますよね。しかし、「なぜひっくり返してかけるのか」を実際にあるものを使って説明しようとすると、子どもたちに大混乱が起きます。

少しずつ分数の計算に慣れていくと、「÷5」は「×5分の1」と同じ意味だから、それはひっくり返すのと同じことだな、と理解できるようになるでしょう。

しかし、最初に分数の割り算に触れるときに、その説明をしても「よくわからない」となって、子どもたちは苦手意識を持ってしまいます。

分数の割り算を習う段階になると、具体的なイメージを持って説明することが難しくなってくるのです。

ただ、このように抽象的な数を理解する力が必要になるからといって、具体的なもので理解することを軽視しないでください。**具体的なものを使ってイメージする力が土台となり、抽象的な思考が必要になったときに必ずいきてきます。**

まずは実際のものを見ながら数という概念に慣れ、徐々に頭の中だけでイメージできる力を育んでいけるといいでしょう。

Check!

- **子どもが好きなものを使って、数の感覚を身につける**
- **具体的なものを使った数の理解が、抽象的な数の解釈にもつながる**

計算問題は朝の10分間で行うのがベスト！

コンディションのいい時間帯に毎日少しずつ

計算は算数におけるコミュニケーションツールです。自分の考えを表すにしろ、人の考えを読み解くにしろ、すべて式や計算を通じて行う必要があります。だから、計算能力はできるだけ高めておけるとよいでしょう。

語学学習でも、実際に話せるようになるためには単語や構文をスムーズに使えるようになるまで覚えておく必要がありますよね。算数における計算問題も、応用や実践

おもしろくない作業はルール化する

にいかしていくための基礎をつくることが目的になります。

ただ、子どもに「計算ドリルつまらない」と言われると、続けさせにくいという声もよく耳にします。そんなときは、計算のおもしろさを語りたいところですが、計算ドリルの内容を楽しく理解することはなかなか難しいでしょう。

そこで、**基礎トレーニングになる計算問題は、毎日同じ時間に取り組むルールにするのがポイント。**

ただ、夜の遅い時間に取り組むこ

とは、なるべくやめておきましょう。

子どものタイプやご家庭の状況によって異なりますが、基本的には朝少しだけ早く起きて取り組むのがおすすめです。


繰り返しますが、計算問題を解くことはおもしろさを感じにくい作業です。大人も深夜の疲れているタイミングで、楽しくもない事務処理をしたいとは思わないですよね。夜は、ゆっくりしたい、休みたいとなるのが普通です。

どうしてもやらなければならないならば、「パパッと終わらせておくか」となりかねません。


子どもだって、同じです。

コンディションが悪く、**いやいや取り組んでいる状態だと「こなす」だけになり、身につきません。**

とはいえ、毎朝のあのドタバタした環境の中で、勉強ができるのだろうかと不安もあるでしょう。計算問題に取り組むのは、1日10分程度でOKです。「10分ならばなんとかなるかも？」と思ってもらえるのではないでしょうか。

一方で、「1週間に1回、1時間かけて計算問題をまとめて解く」のはおすすめできません。なぜなら、計算問題のような淡々とした作業は、溜まれば溜まるほどやる気がなくなるからです。大人も処理しなければならない書類が日に日に溜まってしまうと、どんどん後回しにしたくなるものですよね。

だからこそ、毎朝10分の計算問題を習慣化するほうが体力的にもメンタル的にもベストだと考えています。

Check!

- ▽計算は毎日短時間、同じ時間に取り組むルールをつくる
- ▽一度に長時間、計算問題を解くのはおすすめできない

少しずつ暗算の練習をする

暗算は難問を解く余力につながる

筆算に慣れたら、少しずつ暗算の練習をしていきましょう。暗算ができるようになると、単純に計算が速くなります。

では、**計算が速いことで得られるメリット**はなんでしょうか。

それは、難易度の高い問題を解くための余力につながることです。計算だけで精一杯だと、さまざまな要素を考えて解く問題に使う時間が減ってしまいます。

暗算は、暗算のための練習が必要

たとえば、将棋では王手にもっていくまでのプロセスを頭の中で計算していますよね。「相手がこう打つから、自分はこう動く。すると相手はこんなふうに反応するはずだ」と瞬時に頭の中で考えて次なる一手を指していきます。

将棋で一手先しか見えていないと、どこにたどりつけばいいかわからずに闇雲に駒を打っているだけの状態です。

算数の文章題では「対戦相手」を気にする必要はありませんが、何段階か工程を踏み、最後に正解にたどりつかなければいけないのは将棋と同じです。「まずはこれをやってみて、次にこうして……」と何手先も考えることが求められます。

簡単な計算はパパッと暗算で終えることで、頭の中で先々のステップを考える余地を増やすことができるのです。

ていねいに筆算を書きなさいと指導されることもありますが、それを意識しすぎると、形を整えることばかりに注力してしまう可能性があります。そのため、SAPIXでは「暗算でできるものについては、暗算で行っていい」と伝えています。

ただ、筆算をたくさん続けていれば、自然に暗算ができるようになるわけではありません。暗算ができるようになるには、暗算のための練習が必要です。

たとえば、筆算で間違えない問題があれば、あえて暗算で解きます。2ケタ×2ケタの暗算を目標にしつつも、**まずは2ケタ×1ケタから練習するといいでしょう。**

しかし、すべてを暗算で進めようとすると、「再現性がなくなる」という問題が起きます。あとで問題を振り返ったときに、自分がどんな考え方をして解き進めたのかがわからなくなるリスクがでてくるのです。「自分で振り返れる範囲なら、解答用紙に細かい計算式を記入しなくてもＯＫ」ととらえていけるとよいでしょう。

暗算によって頭の中で処理することが増えて、あまりにもミスが多くなるようであれば、そのときには少しだけていねいに書くようにうながしましょう。筆算をして、またミスが減ってきたら、再度暗算の練習に戻っていきます。一朝一夕にはいきませんが、低学年のうちから少しずつ、頭の中で処理できることを増やしてみてください。

Check!

- **暗算ができると、難問を解く思考時間が増える**
- **「2ケタ×1ケタ」からの暗算練習がおすすめ**

「間違い探し」は、算数の学びにつながる

違いや共通性に着目することは、観察力や分析力などを育む

「間違い探し」も算数の学びの土壌づくりにつながります。間違い探しは、左右の絵を見比べて観察し、違いを探すゲームですよね。

SAPIXの算数の授業では、子どもたちによく観察してもらい、**共通する部分は何かを考えていきます。そのあとには、違いを発見しようとうながします。**そうすると、「ここは同じだけれど、ここは違う」というポイントを見つけだすことができます。

違いを発見する力を養う

上のイラストを見てみましょう。

シーソーの右側にクマ1頭とブタ1匹、左側にクマ1頭とアヒル1羽が乗っていて、右側が傾いています。クマは同じ重さだけれど、ブタとアヒルではブタのほうが重いので右側に傾くことが洞察できます。

続いて、左側にクマ1頭とアヒルが2羽乗るとシーソーが釣り合ったとします。そうすると、ブタ1匹とアヒル2羽は同じ重さだということがわかります。

このようにイラストから違いを見

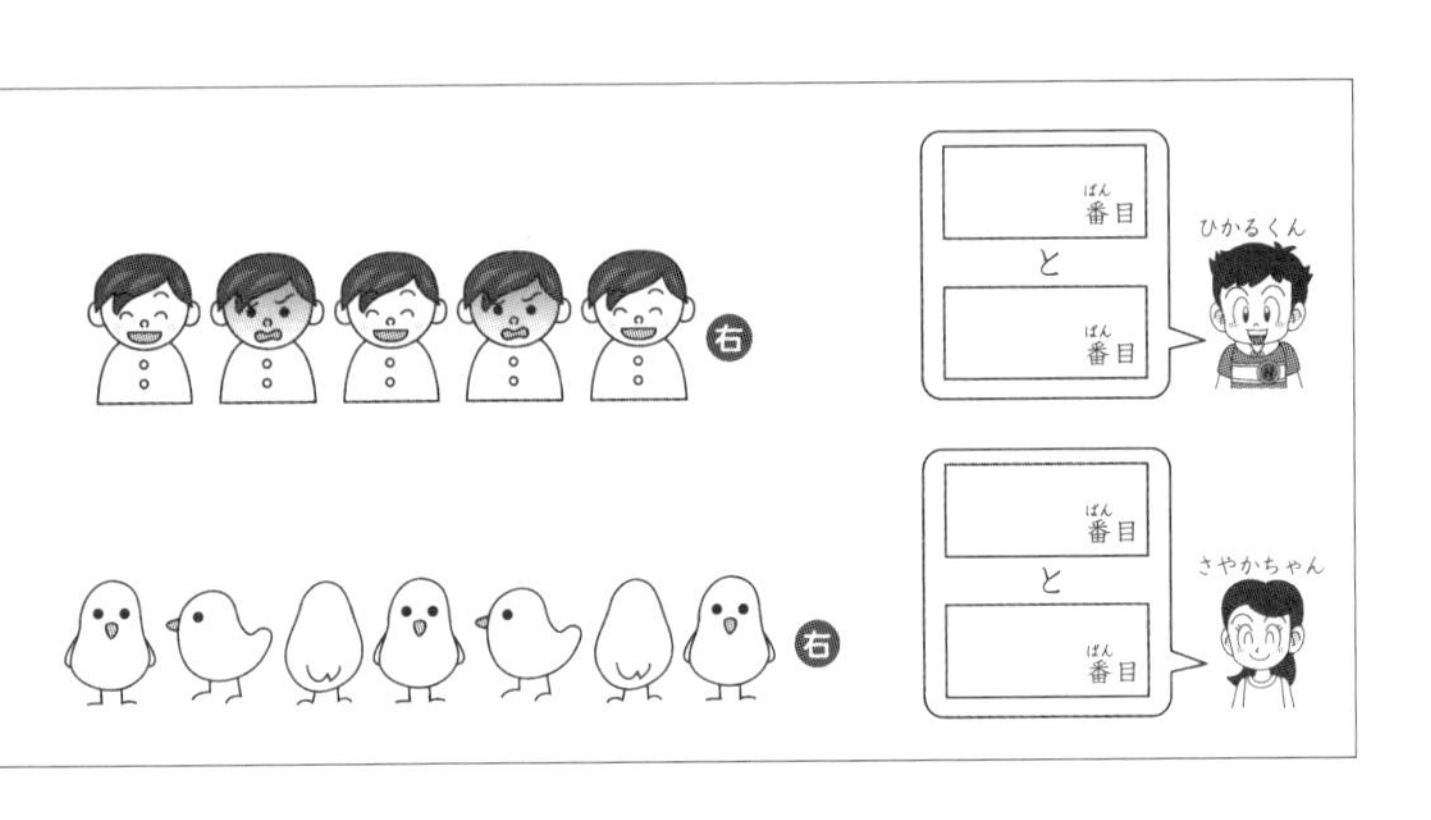

比べて、どんな変化が起きているのかを見極める考え方は、高学年の文章題につながる学びです。

ヒントをだすのはプロでも難しい！

間違い探しは算数の勉強につながるとお話ししましたが、だからといって「勉強になるからやりなさい」と強く言うのはおすすめしません。子どもは、やらされていると感じると興味を失います。

また、発達段階によっては、なかなか間違いを見つけられないこともありますが、できるだ

観察して共通性を見つける問題

(1) いろの　ついていない　ふくを　ぬりましょう。　黄色い　ふくを　きて　おこっている　子どもは、左から　何番目の　子どもでしょう。

(2) いろの　ついていない　ひよこを　ぬりましょう。うしろを　むいている　黄色い　ひよこは、左から　何番目のひよこでしょう。

キャラクター：牧野タカシ　© サピックス小学部

け子どもの試行錯誤にまかせましょう。

「なかなか見つけられないな」と苦労していたら、「まずは右の端から見つけていこうかな」と自分で戦略を立てて解き始めることもあるでしょう。

一方で、**子ども自身が考える前に、保護者が「右の隅から順番に見ていくといいよ」と伝えると、子どもの考える余地を奪ってしまうことになります。**

「ヒントをだす」のは、なかなか難しいものです。

教育のプロである先生方も常に悩んでいます。このヒントの難易度は適切か、タイミングは外していないかなど、考えだしたらキリがありません。プロも悩むことなので、正解を見つけだすのは至難の業です。

ただ1つだけ言えることは、基本的に子どもの思考にゆだねるということ。

もし、ヒントを求められたら、子どもの反応を見ながら、少しずつ提示していきましょう。そして、「今日のヒントは早すぎたな」などと振り返りながら、適切な塩梅を探っていけるといいですね。

また、**「違いに気づく力」がいかされるのは算数だけではありません。**

物事に没頭できる子は、電車の車両のちょっとした違いや虫の模様の些細な差などに気づきます。

そして、違いについてのうんちくを語りたがります。

夢中になることで、知識、観察力、分析力、問いを生む力、興味関心、洞察力、共感力などさまざまな力を身につけていきます。

「違いに気づく」ことが興味関心のきっかけになり、さまざまな学びにつながっていくのです。

Check!

- 勉強になるからと、無理に間違い探しをさせない
- 「違いに気づく力」は、あらゆる学びの土台になる

ゲーム感覚で柔軟な計算力をつける

計算は、正確性だけでなく柔軟性も大事

早く正確に答えをだす処理能力は、計算問題の反復練習によって身につきます。一方で、算数の問題に向かっていくためには、計算の反復練習だけでは不十分で柔軟性を高めていくことも欠かせません。

柔軟性を高める問題は、たとえば『1・2・3・4・5・6・7・8・9』という一桁の数字と、四則演算の記号『＋、－、×、÷』とカッコだけを用いて、

「メイク10」ゲームがおすすめ

２０２４という解答になる式を１つ書きなさい」といったものです。

大人でも考えてしまいますよね？ どうしたら２０２４になるかを考えなければいけないので、単に計算を正確に行うだけの頭の使い方では解けません。

スポーツでいうと、筋肉量を増やすトレーニングが計算問題の反復練習。可動域を増やし、しなやかさを高める練習が、算数の柔軟性を高める問題への取り組みだといえます。

また、柔軟な計算力はゲームの中でも磨かれます。

たとえば、「メイク10」というゲームは柔軟性を高めるのにもってこい。その名前の通り、10をつくるゲームです。4つの数字と「＋、−、×、÷」の記号をならべて10をつくる算数パズルといえます。

小学1年生は足し算・引き算で行い、2・3年生は足し算・引き算・掛け算で「10をつくる」というように、習った範囲の中でルールを変えていけるとよいでしょう。

親子で対戦形式にして「早くできたほうが勝ち！」と決めて戦うとより白熱します。友だちを交えて大勢で行うのもおすすめです。いろいろな答えがでてくるので、「そんな考え方もあるんだ！」と感じるおもしろい体験になるでしょう。

楽しみながら一緒に取り組んでいくことで、子どもはどんどん夢中になっていくはずです。

「メイク10」の基本ルール

・4つの数字と算数の記号で10をつくります。

・それぞれの数字が使えるのは1回だけです。数字は必ず4つ使いましょう。
・「1」と「1」で「11」とするなど、数字を続けてならべることはできません。
・「+」「−」「×」「÷」の記号は何回でも使えます。また、すべての記号を使いきる必要はありません。

Check!

▼計算力は、柔軟性を高める必要がある
▼柔軟性を高めるには「メイク10」などゲーム性のあるものがおすすめ

アナログ時計を置こう！

日常の中で勉強ができるので効率的

低学年のときには、アナログ時計のイラストが提示されて、「いまの時間は何時何分でしょう」という問題が出題されます。**アナログ時計が自宅にあれば、日常生活で、時計を読むことが「ふつう」になるので置いておくことがおすすめです。**

勉強をしようと切り替えるのではなく、自然に生活の中で勉強をしちゃうほうが効率的ですからね。

アナログ時計は、算数的なメリットが豊富

アナログ時計を見たことのない子が紙の上だけで教わるのと、生活の中で「ちょうど12時だね」とか「15分後にでかけるよ」と日頃から親しんでいるのとでは、時計の問題への印象が異なります。問題を解くにあたって、イメージできることは大事なことです。

また、SAPIXの先生は、**アナログ時計になじんでいる子は、分数の感覚が身につきやすいのでは、と思うことがあると言います。**

アナログ時計を見ると、20分が60分の3分の1であることがビジュア

ル的にわかります。これにより、分数を感覚的につかむことにつながっている可能性があるのです。

つまり、アナログ時計には算数的な柔軟性を自然に身につけられる複合的なメリットがあるといえそうです。

しかし、生活や遊びの中からの学びは、「これをしたからこうなる」と単純に割り切れるものではありません。アナログ時計を1つ自宅に置いたとしても、子どもによって得られる学びは異なるでしょう。

とはいえ、アナログ時計に限ったことではなく、リアルな体験をできている子はイメージする力が強いのは確かです。SAPIXでもなるべく具体例を交えながら、子どもにイメージを持ってもらえるような説明をしています。

大人はどうしても論理立てて教えようとしてしまいます。

けれども、**イメージを持てる伝え方をするほうが、子どもの「わかった!」を引きだせます。**

だからこそ、ご家庭では子どもの多様な体験の邪魔をせずに、豊かなイメージを抱けるように支援していくことが大切なのです。

Check!

- **アナログ時計は、算数の力を高める可能性がある**
- **算数の問題解説は、子どもがイメージできるように伝える**

図形問題を解くのに、センスは必要？

センス不要。基本パターンを見つけて解く

「図形を解くセンスがないんです」、そんな言葉をよく耳にします。

算数の中でもとくに「センスが必要」と思われがちなのが、図形のジャンルです。

しかし、図形問題をひらめきでパパッと解いてしまう子は、筑波大学附属駒場中学校や灘中学校など難関校といわれる中学に入学する子のうち1％もいないといいます。

つまり、ほとんどいない、特殊な才能を持った子なのです。

芸術分野でもスポーツ分野でも、他の子より突出して秀でた才能を持った子がいる

のは事実です。とはいえ、当然ながら小学生が習う図形の問題が、そういった天才的な子どもたちばかりをターゲットにしているはずがありません。特殊なセンスがないと、図形問題は解けないということは決してないのです。

図形問題はセンスで解くのではなく、「きちんと自分がわかる図形まで引き寄せる」ことが重要です。

１６２～１６３ページで詳しく解説していますが、小学校中学年や高学年になると、補助線を引いて図形をわけて解く方法が増えます。あるいは、相似形を利用して解く方法もでてきます。同じ相似形を使って解く問題でも、線を伸ばして相似形をつくるといったケースもありますね。

そうした基本的な図形問題の解き方を理解しつつ、補助線を引くなどして自分の見知った図形をつくることができれば、図形問題は決して怖くありません。

図形問題ができる子は、センスで解いているわけではなく、この基本パターンを知って、それを使って思考しているのです。

知っている図形を見つける方法

例① 補助線を引いて区切る

2つの三角形にわけて面積を求める

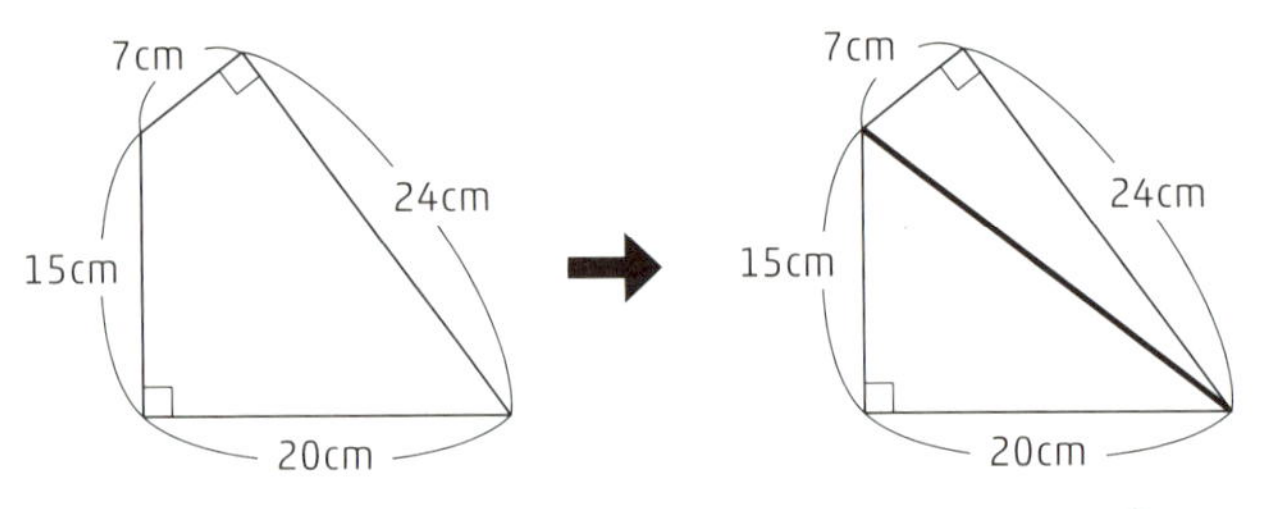

面積は……$20 \times 15 \div 2 + 7 \times 24 \div 2 = 234$㎠

例② 知っている図形を見つける

（基本パターン）

台形に対角線を引くと、
斜線をつけた2つの三角形の
面積は等しくなる

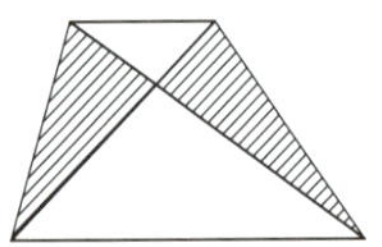

（活用例）

四角形ABCDは正方形で、P、QはAD、BCの中点

**→太線の台形に注目すると、
斜線をつけた2つの三角形の面積が等しいことがわかる**

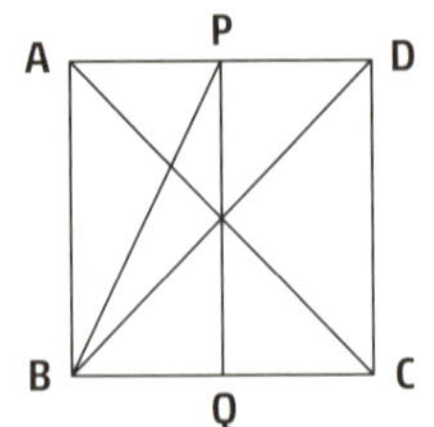

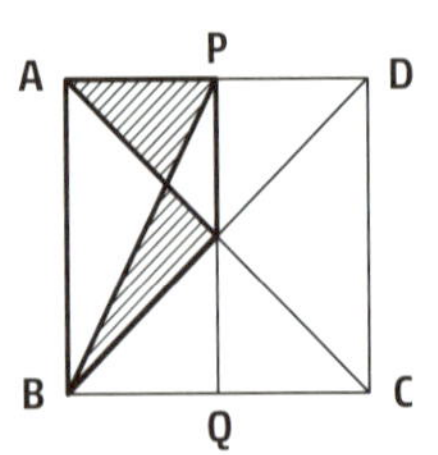

例③ 補助線を引いて相似をつくる

四角形ABCDは長方形で、P、QはBC、CDの中点

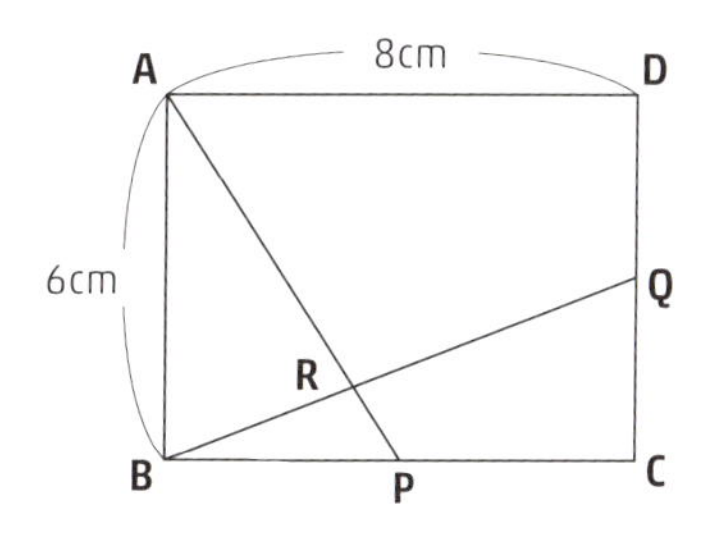

相似の作り方 その①

Ｑを通りＢＣに平行な補助線を引く

→三角形ＢＰＲと三角形ＱＳＲが相似に

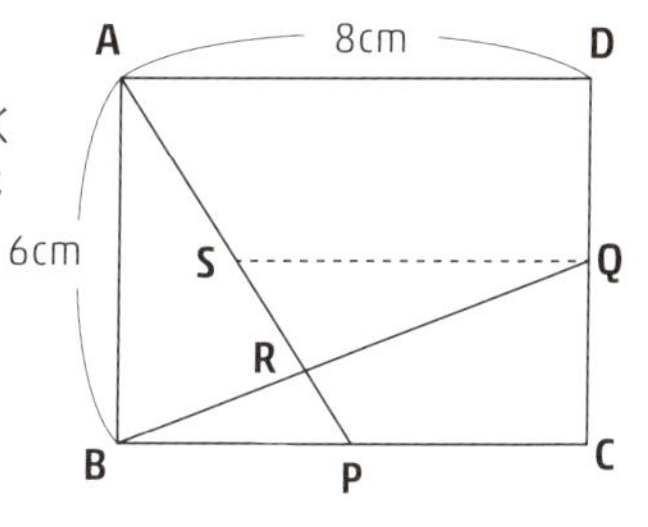

相似の作り方 その②

ＡＤとＢＱを延長する

→三角形ＢＰＲと三角形ＴＡＲが相似に

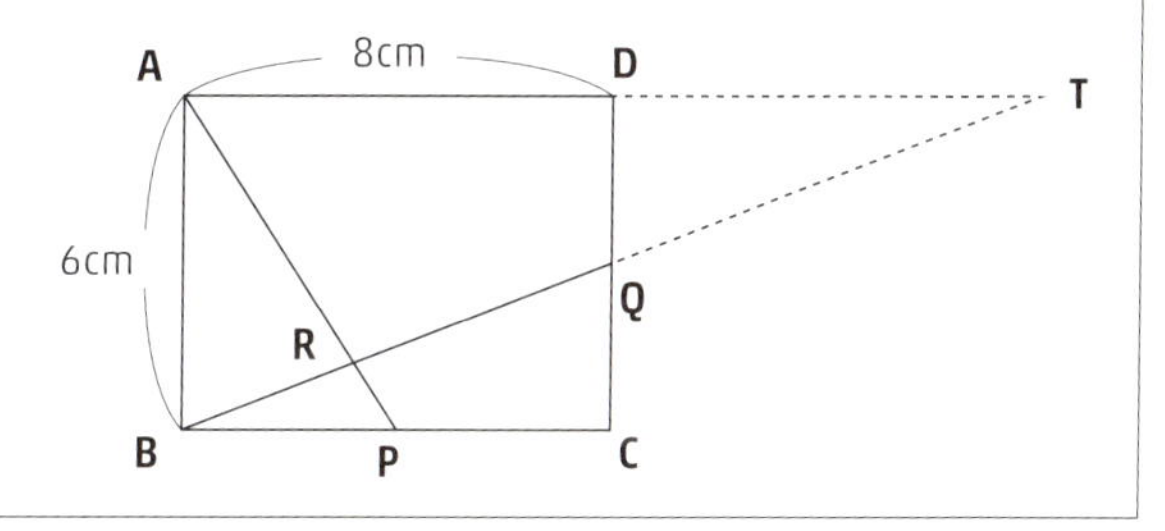

一方で、図形に苦手意識を持っている子ほど、図形の全体をながめて解こうとします。そして、「一体どうしたらいいかわからない！」と心が折れてしまうのです。

どんなに複雑そうに見える図形でも、あるいは立体図形であったとしても、基本パターンは絶対に隠れています。

図形問題ができる子は、**問題に向き合う経験を重ねていくことで、「このあたりに基本の図形が隠れていそうだな」と勘どころを持って解いている**だけなのです。

少し話が逸れますが、仕事でトラブルがあった際、その問題を分解して、「まずはこれをやって、次はこれをこうして……」と、着手すべき優先順位を決め、解決に向けて思考をめぐらせますよね。

算数の図形問題も同じです。問題を解くことで、条件を分解して整理する力を養っているのです。

大人になって、算数や数学の問題そのものを解く場面は少ないかもしれません。しかし、論理立てて考える、今までの知識をベースにして解決策を考える、といった算数で習得できる力は、社会にでても役立つのです。

Check!

- **図形問題は、自分の知っている図形を見つけだして解く**
- **算数を解くための思考力は、社会にでてからも役立つ**

図形問題も体験から得た知識が必要

中学入試レベルの図形問題も基本パターンが大事

前項でお伝えしたように、図形問題は、知識をたくさん「習得」すれば解けるわけではありません。今持っている知識をどういかしたら解けるかを「思考」することが必要になります。

そして、**何もないところから発想する必要はなく、あくまで問題を解く基本パターンの図形を使って考えていくことができればいいのです。**

中学入試レベルの問題でも同様のことがいえます。

たとえば、次のページの「四角形ＡＢＣＤの面積は、１辺１センチの正三角形の面積の何倍？」という問題①を考えてみましょう。条件ではＤＡ＝ＤＣと示されています。

まず、この四角形を３つつなげると六角形になることに気づく必要があります。さらに、この六角形の辺を点線のところまでのばすと、正三角形ができるので、大きな正三角形から角にある３つの正三角形の面積を引き、さらに３等分すると、四角形ＡＢＣＤの面積が求められます。

つまり、１辺15センチの正三角形の面積（１辺１センチの正三角形の面積の15×15＝２２５倍）から、１辺４センチの正三角形３個の面積を引いて、それを３で割るので、（２２５－48）÷３＝59（倍）となります。

また、１６９ページの問題②「この四角形ＡＢＣＤの面積は何平方センチ？」では、同じものを４つつなげたら正方形になることを発見できるかがポイントです。正方形にして考えてみる解法を知っておけば、この問題を解く糸口が見えてきます。

問題① 六角形と正三角形が隠れている

問 題

四角形ABCDの面積は、1辺1センチの正三角形の面積の何倍ですか？
（DA＝DC）

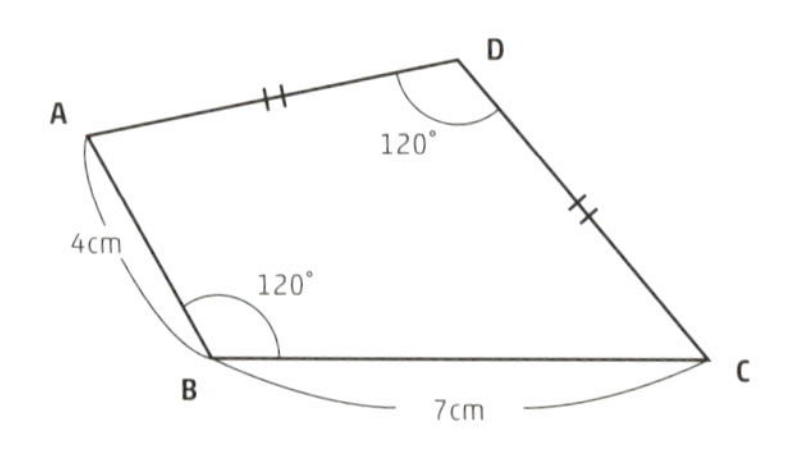

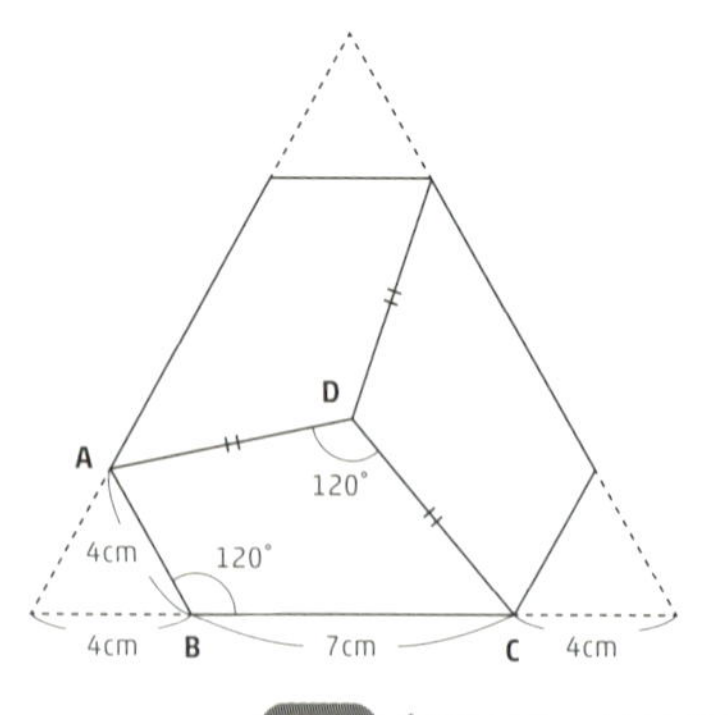

答え （15×15－4×4×3）÷3＝59倍

問題② 正方形が隠れている

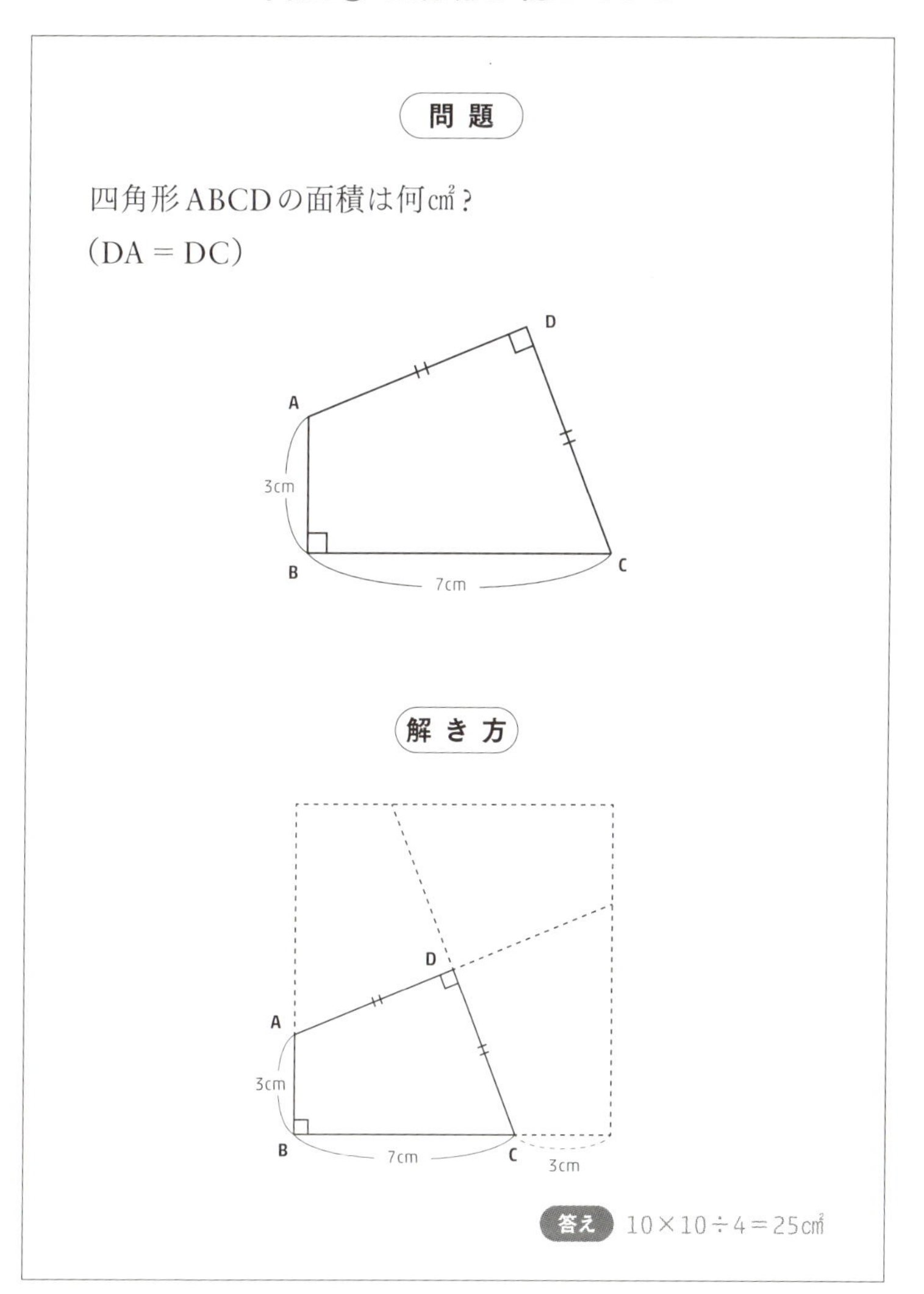

正方形にすると1辺は7＋3で10センチとなります。一辺10センチの正方形の面積をだして、それを4等分すれば答えがでます。

以上のとおり、図形は経験に基づく感覚がとくに大切になるジャンルです。ストックされた知識や経験を引きだして、目の前の問題に使ってみようと考える姿勢が欠かせないのです。

習ったことがないような斬新な解き方を思いつく子は、SAPIXに通う子でもまずいません。

図形問題を解ける子のほとんどが、過去に体験した考え方を上手に活用しています。

その根本的な姿勢さえ身につけてしまえば、高学年になって難しい問題がでてきたとしても、苦手意識を持つことなく挑むことができるようになるのです。

Check!

- 中学入試レベルの図形問題でも、ひらめきはいらない
- 今までストックした知識や経験を引きだして、図形問題に向き合う

遊び感覚で図形に親しむには

幼少期から折り紙やブロックで遊ぶのはおすすめ

小さい頃から図形に触れていると、図形問題が解きやすくなります。図形で遊んでいる経験があると、楽しい記憶をベースに算数の問題に臨めるようになるからでしょう。親しみを持って図形に向き合えることは大きなメリットです。

折り紙でいろいろな作品を制作した体験からは、立体図形のイメージを描きやすくなることが考えられます。

切り紙は大人でも頭を使う遊び

また、幼稚園、保育園や小学校では、折り紙を半分に折ってハサミで切って模様をつくる「切り紙遊び」を行っていますよね。この切り紙遊びは、「こういう模様をつくろう」と考えだすと、大人でも悩んでしまうくらい頭を使います。

折り紙で好きなものをつくってみたり、「切り紙でこんな模様をつくってみよう！」とお題を設定して親子で遊んでみるのも楽しいでしょう。

他にも、**ブロックを組み合わせて立体をつくる遊びもおすすめ**です。

ＳＡＰＩＸでも、パズルゲームの

教材をだしています。最初の段階は1通りしか答えがない問題になりますが、次第に複数通りの答えがあるレベルになって難易度が上がっていきます。

さらに、175ページのように図形を重ねて、「同じ」と「違い」を見わける問題もあります。図形の向きを変えたり組み合わせたりするといった頭の使い方をするので、図形問題を解く土台が培われていきます。

176ページは、「3色のパネルを使って、同じ色が隣り合わないように枠の中にはめていく」という問題です。どうすれば目標とする図形をつくれるかを思考していきます。

大人でも頭を使うので、お父さんお母さんもぜひお子さんと一緒に挑戦してみてください。

「勉強のために!」と狙いすぎずに、一緒に楽しく遊んでいくことがおすすめです。

図形の「同じ」と「違い」を見わける問題

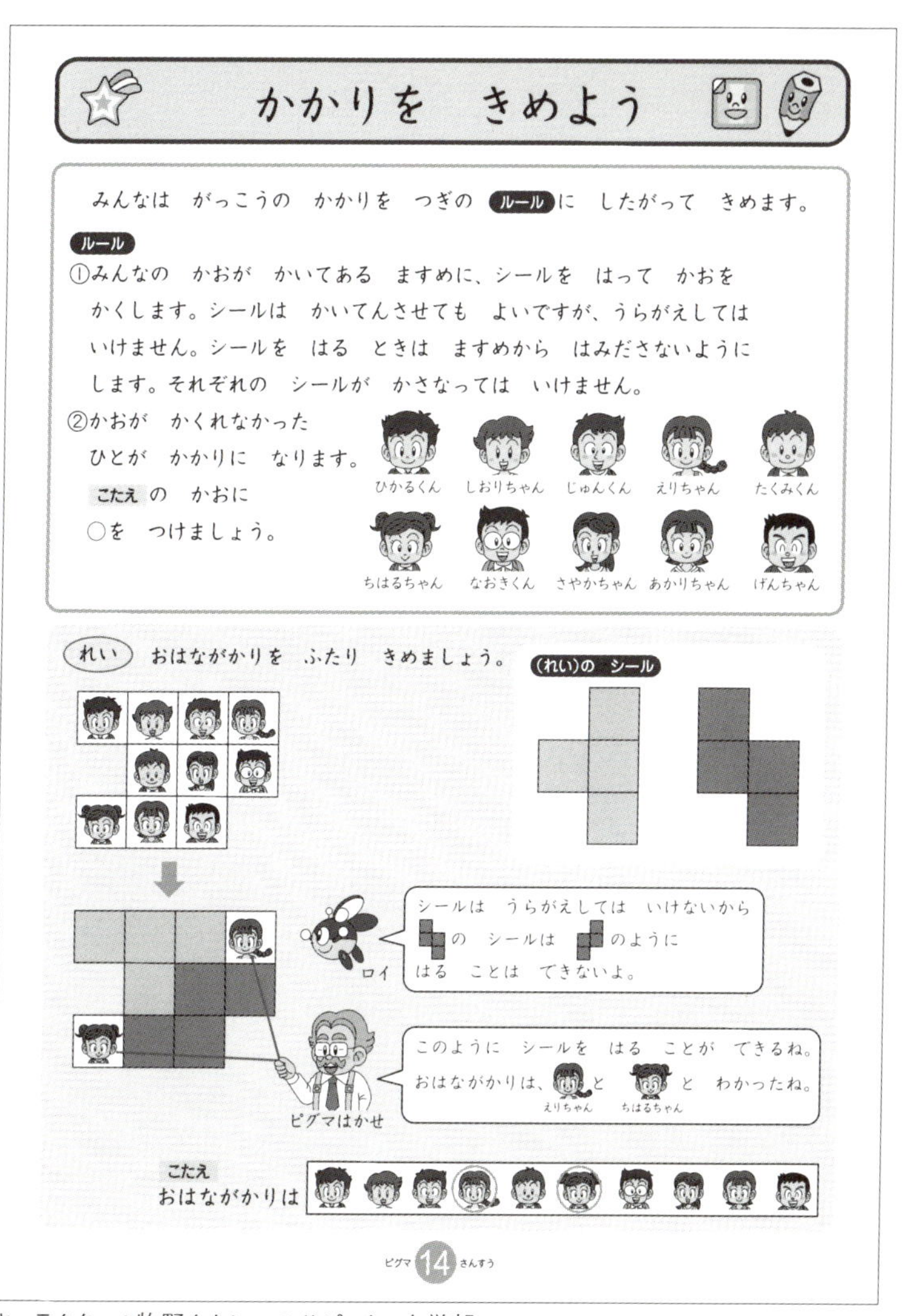

キャラクター：牧野タカシ　©サピックス小学部

目標とする図形をどうつくるか考える問題

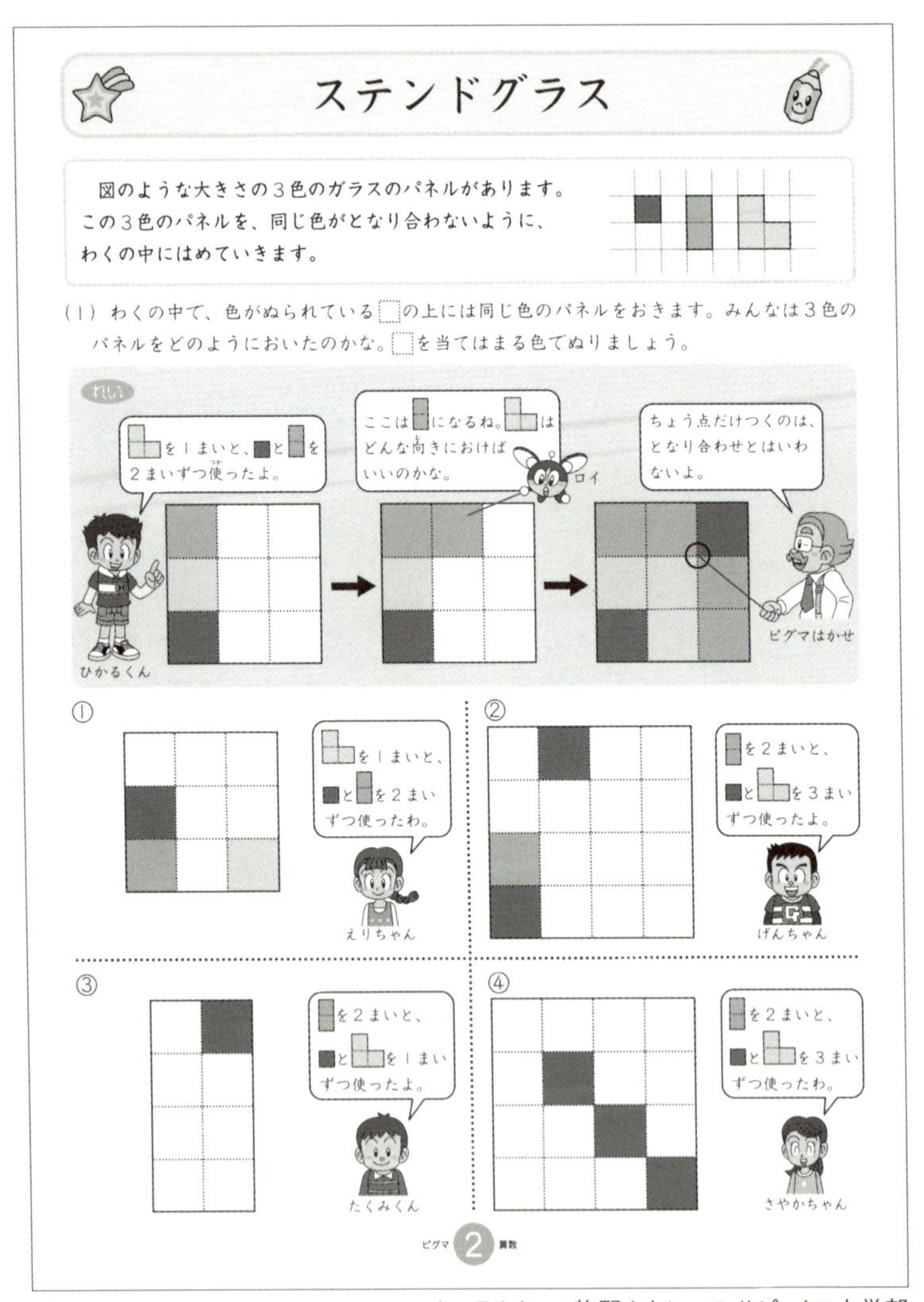

キャラクター：牧野タカシ　©サピックス小学部

Check!

▽折り紙、ブロック、切り紙遊びなどで立体図形をとらえる感覚が育める

▽図形感覚を養う遊びは、大人も一緒に楽しめる

第4章

低学年のここが高学年で役立つ

低学年は、ゆっくり思考力を育むことが大切

多種多様な体験を通して伸びる可能性を高める

ここまでは算数の「思考」と「習得」について説明してきましたが、4章では勉強が本格化する高学年をむかえる前に、どんなことを今からやっておくといいかについて説明していきます。

子どもの「なんで？」「どうして？」を大事にしてほしいということは、本書の中で何度もお伝えしてきました。

頭の柔らかい低学年の時期に、自分なりに「ああでもない、こうでもない」と、さまざまなことに挑戦することはすごく大切です。これは、低学年のうちに、一番行ってほしいことです。

論理思考の力は、個人差が非常に大きいもの。

なぜならば、考えることが得意な子はいろいろな問題に自ら挑戦していくので、どんどん得意の度合いが増していきます。

一方で、どうやって考えればいいかわからない子は、無意識に考える練習を積む機会を避けてしまうので、苦手なまま停滞してしまいます。

その結果、**論理思考が得意な子と苦手な子の差はどんどん開いてしまうのです。**

では、考えることは、どうすれば身につけられるのでしょうか。

それは、残念ながらプロの先生の目から見ても、何がきっかけで身につけることができるのかを予見することは難しいのです。「こうしたら誰でも論理思考が身につきます」という万能な答えはありません。

何がきっかけになって考えることが好きになるかわからないのであれば、答えはシンプル。いろいろなことを経験できるよう、無理のない範囲で体験の種類を増やして、伸びる可能性を上げていきましょう。

だからこそ、本書では低学年のうちに多様な経験をすることをおすすめしてきました。

そして、その経験は勉強だけに限る必要はありません。低学年のうちは、ゆっくりと過ごし、思考力を育むことに時間を使っていけるとよいでしょう。

考えるためには、前向きな姿勢が絶対に必要です。

子ども自身が好きなことやおもしろいと思うことの中で、まずは思考を深めてみる。そんなファーストステップを踏んでください。

興味を持つ対象には、個人差があります。勉強であっても、文字をおもしろがる子もいれば、数に惹かれる子もいます。また、発達段階によっても変わっていくものです。**どんな関心でも不要なものはありません。**

高学年になってから入試に向けて論理思考の力を身につけようとあせったとしても一朝一夕で養うことは難しいものです。

中学受験をしてもしなくても、早い段階から能動的に取り組めるフィールドで考える経験を積んでいきましょう。

本章では、低学年で育んできたことが、高学年になったときにどんなことに役立つのか。さらに、高学年になったときのために低学年のうちから意識しておきたいことについて、ＳＡＰＩＸの算数の先生にお聞きしました。

一番の命題は「嫌いにさせない」

低学年は得意を伸ばすことを目指す

繰り返しになりますが、高学年になるまでの間に、「算数が嫌い」「勉強が嫌い」になっていると、取り返すことがかなり大変です。

そのため、小学生の勉強で最も大事なことは、嫌いにさせないことだといえるでしょう。**嫌いにならなければ、子どもはいくらでも自分で伸びていく力を持っています。**

保護者は、他の教科よりも点数が低い教科や、他の子よりも点数が取れない教科に、

弱点対策は子どものためになっている？

どうしても目がいってしまいます。「苦手を克服させたい」という心理が働くのでしょう。

しかし、少し厳しいことを言うようですが、保護者のその心理状態が勉強にプラスに働くことは、ほとんどありません。

点数はあくまで1つの指標。それがすべてだと思わないでください。

SAPIXでは、一番上のコースに行きたいから、そのコースの子が取り組んでいる問題を解こうと考える保護者には、「それは逆効果になりますよ」と警鐘を鳴らしています。

なぜなら、子どもはわからない問題ばかり与えられることになるので、算数という教科が嫌いになってしまうからです。

また、入試直前期に保護者からこんな相談を受けたこともあるといいます。

「入試本番10日前に何回復習してもできない問題を、(保護者が)ノートにまとめました。問題をノートに貼って、それを解いていけば弱点対策になると思い、子どもに渡したんです。でも、子どもはすごく嫌がっちゃって」

このノートを渡された子が特別なわけではなく、**できないことを凝縮したようなノートを見たら、誰でも気が滅入ります。**弱点対策をして安心したいという気持ちが根底にあるのだと思いますが、子どもの目線に立つと、自分で対策を講じたのではなく、他の人から渡された苦手対策に拒否反応がでるのも想像ができます。

むしろ、入試直前期では、できていることをより確実に解いたほうがいいのです。お伝えしたとおり、算数はメンタルの影響を受けやすい教科ですしね。

勉強というと、とにかく時間をかけてできていないものを克服させるアプローチになりがちです。でも、それが続くと、自己肯定感や自信をつけるのとは真逆の方向に進んでいきます。

「得意を伸ばす」と「苦手を克服する」、このバランスはプロでも判断が難しいところです。

ここでおさえておきたいポイントは、低学年の学びにおいては、「得意を伸ばす」「好きを伸ばす」、そちらのほうにより注力するということです。

Check!

▽ **苦手克服ばかりさせていると算数が嫌いになる**

算数は単元によって学び方が変わる

効率の悪い勉強こそ身になる単元もある

算数が得意な子は入試問題に直面したときに、「こう解くとよさそうな問題だ」ということを判断しています。

本書で何回かお伝えしてきましたが、これはセンスではなく、練習（経験）で磨かれていくものです。

ただ同じ算数であっても、分野によって「学び方」は異なります。

集中特訓しても効果がない分野も

たとえば、**「割合」などの単元は、あまり時間をかけてじっくり考えても仕方がありません。**取り組んでわからなければ調べて、また同じような問題を繰り返して、とリズミカルに勉強をしていったほうがいい単元です。

この分野は、計算問題と同じく朝の10分勉強が適しています。

でも、**「場合の数」はじっくり時間をかけて考えたことがものをいう単元です。はっきりいうと、時間効率をあまり気にしないほうがいい。**

「場合の数」の問題は、よほど基本

的なものでなければ、まったく同じ設定の出題はされません。

問題にでてくる数値が少しでも変わると、調べきれなくなったり、方針を変えたりしなければならないので、解答解説を確認して、端的でエレガントな解き方を暗記しても意味がないのです。それよりも泥くさく、何十分もかけて解いてきたことが身になります。


そのため、1日1問、あるいはテキストにでてきたタイミングで練習をしていくなど、自分なりのペースで少しずつ練習を積んでいきましょう。苦手だったとしても、あまりあせりすぎないようにしてください。

「1週間集中特訓だ！」と考えるのではなく、少し長期的な視点を持ったほうがよい分野なのです。

このような解き方は保護者から見ると、すごく不効率な勉強をしているように見えるかもしれませんが、見守ることが大切です。**粘り強く問題に向き合う子どものがんばりを認めてあげましょう。**

低学年では、まだこうした分野に遭遇することはありませんが、算数は内容や単元によって勉強の仕方が違うというのを今のうちから踏まえておくことに損はないでしょう。

また、子どもの苦手な分野があった場合には、どういう勉強法が向いているのかについて学校や塾の先生に聞いてみるのも1つの手です。

Check!

▽ **割合は、時間を決めてパパッと解くほうがいい単元**

▽ **場合の数は、1問をじっくり解いたほうが力になる分野**

わかるところを書きだして情報処理の力をつける

低学年から条件整理の練習をする

現在の中学入試で求められる力は、「思考力」だといわれます。思考力の意味するところは、解法の運用力です。その運用力のためには、いろいろな解き方を知識として身につけておくことが前提になります。**手順として解き方を知っているだけではなくて、「こう考えるとこれがわかる」という仕組みまで理解しておくことが必要**です。

そして、運用力には、その解き方がどういった場面で有効なのかを知っておくとい

図やグラフを使って問題文を整理

う意味も含まれます。「なぜ、この場面ではこう解くとうまくいくんだろう」や、逆に「この解き方だとどうしてうまくいかないんだろう」などと考えながら、解法が有効な場面を見出していくのです。

では、解法の運用力を高めるためには何が必要なのでしょう。

その中の1つに、処理能力があります。処理能力は、「計算処理」と「情報処理」にわけられます。算数で計算処理が必要なことは、みなさんも想像できるでしょう。そのため、ここでは詳しくは話しません。

もう1つの情報処理能力は、条件整理能力です。
たとえば、「場合の数」の問題では、条件に当てはまるケースを整理しながら書きだしていくことが求められます。また、もっと前の段階としてその問題文に書かれていることを整理して理解することも必要でしょう。

文章題では条件を整理して、表や図なども駆使しながら自分が理解しやすい形にして考えやすくします。

速さの問題であれば、人の動きや時間による変化の図を描いて整理していく作業が必要です。あるいは、水槽に水を入れていくと時系列に沿ってどんな変化が起こるかを問われる問題でも、自分で図などを使って情報を洗いだしていきます。図形問題では、わかっている長さや比率、面積、角度などを図に書き込んで整理していきます。これも情報処理のアプローチの1つですよね。

こうした力は算数だけでなく、国語の文章読解でも必要とされます。長文が出題されたときに、一気に理解しようとするとうまくいきません。物語文であれば、場面ごとに区切って理解していきます。この作業もまた情報処理だといえるでしょう。

前述したような問題は、高学年になってから多く出題されますが、**低学年のうちから手を動かして情報処理をするクセをつけておくことは非常に重要です。**

難関校の問題になればなるほど、パッと見て解ける問題はなくなります。また、中学受験をしなかったとしても、社会人のスキルとして情報処理能力が大切だということは、保護者の皆さんも感じているはずです。

Check!

- **中学入試に求められる思考力とは解法の運用力**
- **解法の運用力をつけるには「計算処理」と「情報処理」の力が必要**

抽象化する思考を学ぶ

「ここに注目すれば解ける」と気づく、視点の部分化をする

前項では情報処理の重要性をお伝えしました。では、情報処理のあとはどうするのでしょうか？

少しイメージしにくい表現ですが「抽象化」します。

抽象化とはつまり、物事の表面を覆っているものを取り払い、内側の核心部分を明らかにしていく作業です。**「ここがわかれば問題が解ける」という核に迫る工程が、抽象化だといえます。**

他の子の解き方から抽象化を学ぶことも

たとえば、「場合の数」の問題なら、どうやって整理をしていけば的確に答えをだせるのかを考えます。

ある程度パターンわけをして計算して解く「場合の数」では、「どうパターンわけしたら重複や抜けをなくして考えやすくなるのか」を思考していくことが重要です。

あるいは、文章題においても抽象化の力は必要になります。

与えられた条件すべてに着目してしまうと問題は解けません。算数の苦手な子ほど文章全体を見て、手が止まったままになる傾向があります。

全体を見ている限り、いつまでたっても解けるようにはなりません。

文章題でも図形問題でも、「この部分だけ注目したらこれがわかる」といった視点の部分化が欠かせません。

第3章では、どんなに複雑な図形の中にも、いわゆる基本パターンの図形が隠れているとお伝えしました。視点を部分化して、順番に解き進めていくと、最終的には「これがわかればいい」というポイントを見つけだせます。それが抽象化する力です。一般的には分析力といわれることが多いかもしれません。

ただ、子どもにこの抽象化の作業を言葉で説明しても、なかなかイメージできません。

パズルをする中で、部分的に見ていくことが重要だと気づいたり、規則性の問題で**「こうすればうまくいくんじゃないか」と気づいたりと、体験や問題を通じて自然と頭の使い方を学んでいく**のです。

また、他の子の解き方を見て学ぶことも大いにあります。学校や塾などの集団で学ぶ意義はそこにあります。
低学年の頃から、自分で気づいたり他の人のまねをしたりして「わかった！」という経験を少しずつ繰り返していくことで、本質を見抜く抽象化する力が身についていくのです。

Check!

▽情報処理の次に必要なことは、抽象化

▽抽象化とは余計なものを削ぎ落とし、問題を解くための核心に迫るプロセス

低学年のうちに知っておきたい学校選び

人気のある学校が子どもに合うかはわからない

最後に、少しだけ算数から離れて、子どもの進路について考えてみましょう。
本書を手にとっていただいた保護者の中には、中学受験について気になっている人も少なくないと思います。では、低学年の段階では学校選びについてどんなことを理解しておくといいのでしょうか。

学校選びの基準の1つとして、偏差値は確かに存在します。

子どもに合った学校選びを

高校入試や大学入試の中で、偏差値を基準に学校を選んできた人も多いかもしれません。そのため、偏差値を重視しすぎる保護者が少なくないのも事実です。

しかし、**偏差値が高い学校がいい学校で、低い学校は悪い学校かというと、そんなことはありません。**偏差値は学校の魅力を表す万能の物差しではないのです。

たしかに、「偏差値が高い」ことは、「競争が激しい」ことを意味します。つまり、多くの子どもから人気がある学校です。

ただ、人気が高いことと自分に合うこととは別問題です。

たとえば、レストランのランキングで8位と9位でそんなに違いがあるでしょうか。ときには、「3位のお店よりも、7位のレストランのほうがずっと好きだな」と感じることもあるでしょう。

洋服だって、人気のあるブランドが自分に似合っているとは限りません。

誰もがほしがる最高級の靴を履いたら、ぜんぜん足の形に合わず、靴擦れだらけになることもあるでしょう。

偏差値の高い・低いはあくまで限定的な指標でしかありません。

偏差値はそこまで高くないけれど、すごくいい取り組みをしている学校はたくさんあるのです。

「有名校だから」「偏差値が高いから」という理由ではなく、「子どもにはどんな学校が合っているかな？」と**先入観を持たずに学校選びをすることが大切**です。

公立も私立もそれぞれの学校の「あり方」を見つめながら、あせることなく子どもと一緒にゆっくり考えていけるとよいでしょう。

Check!

▼偏差値は、学校を選ぶときの1つの指標にすぎない

▼子どもと相談して学校を選ぶ

おわりに

本来、学びとは、「将来のために渋々するもの」でも「我慢して覚え込むもの」でもありません。「どんどん知りたくなって、自ら勝ち取るもの」です。

しかし、これまで私たちはそんなふうに勉強と向き合ってきたでしょうか。

もしかしたら、子どもたちへの日々の声かけが、

「今我慢して勉強すれば、将来きっとラクになるから」

「おもしろくないかもしれないけれど、みんながんばっているのよ」

となっている人もいるかもしれません。

これらの言葉は、私たち大人自身がその上の世代に言われてきたことです。でも、果たして私たちが言われてきたことを再生産しつづけてよいのでしょうか。

「『数』との出会いの瞬間に、苦手だと思う子はいない」

ある先生から、以前そんなお話を聞きました。

どんな子どもも、最初は新しく出会う「数」で楽しく遊んでいます。算数は数を通したコミュニケーションです。子どもは「聞いて！」や「ねぇ！　ねぇ！」と注意を引き、終始誰かとのコミュニケーションを楽しんでいます。だから、数のコミュニケーションである算数を最初から嫌いな子はいません。

しかし、いつの頃からか、少なくない子どもたちが算数を「嫌だな」「おもしろくないな」と感じ、「勉強せねばならないもの」ととらえるようになります。それは、とても残念なことです。


教育ライターをしていると、算数に限らず、「私が苦手だから、子どもには苦手になってほしくない」という相談をよく受けます。直接そういった表現をしなくても、自身のコンプレックスから子どもへ期待を寄せてしまうケースはとても多くあります。

具体的には、「算数が苦手だから、この子には得意になってほしい」「英語が話せないから、この子には話せるようになってほしい」「運動が苦手で大変だったから、スポーツクラブに入れたい」などなど、あらゆるジャンルでそうした思いを垣間見ます。

それは子どもたちへの転ばぬ先の杖であり、親御さんの愛情です。

一方で、「子ども」や「未来」を見て抱いた思いというよりは、「自分」と「過去」を見て持った感情です。当然のことですが、子どもと保護者はまったく異なる人間です。お父さんお母さんが重きを置いていたことに、子どもは全然興味を持っていないかもしれません。また、これから子どもたちが生きていく世界も、私たちが歩んできた過去とは大きく異なります。だから、心配する気持ちを少しだけおさえて、子どもの手に学びをゆだねてみませんか？　すると、子どもは興味を持ったことに自ら進んでいきます。

もう1つ、子どもや未来を見据えて前向きに学びの環境をつくるためには、苦手の克服という思いではなく、「自分がその分野に興味を持つ」というアプローチが有効だと感じています。

たとえば、もしも好きな漫画や映画をすすめるときのように、

「この子はどんなところにおもしろさを感じるかしら？」

「私の推しはこのあたりなんだけれど、どうかな？」
といった思いでいると、子どもへの勉強のすすめ方が少し変わってくると思いませんか？「今我慢して勉強すれば、きっと将来ラクになるから」とは異なる視点で話ができそうではないでしょうか。

ＳＡＰＩＸの溝端宏光先生と小林暢太郎先生には、ていねいに本書の制作に向き合っていただきました。また、編集者の小石亜季さんとは、前作に続き、さまざまな相談を重ねながら本書を練っていくことができました。そして、最後まで読み進めてくださった読者の皆さま、誠にありがとうございました。

本書が、子どもたちが自分らしく学びを楽しむ環境をつくるためのヒントになりますように。すべての子どもが「学びが楽しい！」と感じる心を失わずに、彩り豊かな人生を歩めますように。そして、大人である私たちも子どもに負けじと楽しみながら学び続けましょう！

佐藤　智

10万人以上を指導した中学受験塾
SAPIX
だから知っている
算数
のできる子が
家でやっていること

発行日　2024年11月22日　第1刷
　　　　2024年12月18日　第2刷

Author　佐藤智
Coverage cooperation　SAPIX小学部
Illustrator　加納徳博
Book Designer　新井大輔　八木麻祐子（装幀新井）

Publication　株式会社ディスカヴァー・トゥエンティワン
〒102-0093
東京都千代田区平河町2-16-1 平河町森タワー11F
TEL　03-3237-8321（代表）03-3237-8345（営業）
FAX　03-3237-8323
https://d21.co.jp/

Publisher　谷口奈緒美
Editor　小石亜季

Store Sales Company
佐藤昌幸　蛯原昇　古矢薫　磯部隆　北野風生
松ノ下直輝　山田諭志　鈴木雄大　小山怜那　藤井多穂子
町田加奈子

Online Store Company
飯田智樹　庄司知世　杉田彰子　森谷真一　青木翔平
阿知波淳平　大﨑双葉　近江花渚　徳間凜太郎　廣内悠理
三輪真也　八木眸　古川菜津子　高原未来子　千葉潤子
金野美穂　松浦麻恵

Publishing Company
大山聡子　大竹朝子　藤田浩芳　三谷祐一　千葉正幸
中島俊平　伊東佑真　榎本明日香　大田原恵美　小石亜季
舘瑞恵　西川なつか　野﨑竜海　野中保奈美　野村美空
橋本莉奈　林秀樹　原典宏　牧野類　村尾純司
元木優子　安永姫菜　浅野目七重　厚見アレックス太郎
神日登美　小林亜由美　陳玟萱　波塚みなみ　林佳菜

Digital Solution Company
小野航平　馮東平　宇賀神実　津野主揮　林秀規

Headquarters
川島理　小関勝則　大星多聞　田中亜紀　山中麻吏
井上竜之介　奥田千晶　小田木もも　佐藤淳基　福永友紀
俵敬子　三上和雄　池田望　石橋佐知子　伊藤香
伊藤由美　鈴木洋子　福田章平　藤井かおり　丸山香織

Proofreader　文字工房燦光
DTP　朝日メディアインターナショナル株式会社
Printing　シナノ印刷株式会社

ISBN978-4-7993-3102-6
(SAPIX dakara shitteiru sansuu no dekiruko ga iede yatteirukoto by Tomo Sato)